随园食单

[清] 袁枚 著

通天老狐，
醉辄露尾。

古吴轩出版社

图书在版编目（CIP）数据

随园食单 / （清）袁枚著. -- 苏州 ：古吴轩出版社，
2021.9
　ISBN 978-7-5546-1796-0

　Ⅰ．①随… Ⅱ．①袁… Ⅲ．①烹饪－中国－清前期②
食谱－中国－清前期③菜谱－中国－清前期 Ⅳ.
①TS972.117

中国版本图书馆CIP数据核字（2021）第170438号

责任编辑：俞　都
见习编辑：唐孟阳
策　　划：村　上　苟　敏
装帧设计：侯茗轩
版式设计：崔　旭

书　　名：**随园食单**
著　　者：[清]袁枚
出版发行：古吴轩出版社
　　　　　地址：苏州市八达街118号苏州新闻大厦30F　　邮编：215123
　　　　　电话：0512-65233679　　　　　传真：0512-65220750
出 版 人：尹剑峰
印　　刷：天宇万达印刷有限公司
开　　本：880×1230　　1/32
印　　张：6
字　　数：88千字
版　　次：2021年9月第1版　　第1次印刷
书　　号：ISBN 978-7-5546-1796-0
定　　价：42.00元

如有印装质量问题，请与印刷厂联系。0318-5302229

序

诗人美周公①而曰:"笾②豆③有践。"恶凡伯④而曰:"彼疏斯稗⑤。"古之於饮食也,若是重乎!他若《易》称"鼎烹",《书》称"盐梅",《乡党》《内则》琐琐言之。孟子虽贱饮食之人,而又言饥渴未能得饮食之正。可见凡事须求一是处,都非易言。《中庸》曰:"人莫不饮食也,鲜能知味也。"《典论》曰:"一世长者知居处,三世长者知服食。"古人进鬐离肺⑥皆有法焉,未尝苟且。子⑦与人歌而善,必使反之,而后和之。圣人于一艺之微,其善取于人也如是。

余雅⑧慕此旨,每食于某氏而饱,必使家厨往彼灶觚⑨,执弟子之礼。四十年来,颇集众美。有学就者,有十分中得六七者,有仅得二三者,亦有竟失传者。

余都问其方略,集而存之。虽不甚省记,亦载某家某味,以志景行。自觉好学之心，理宜如是。虽死法不足以限生厨，名手作书，亦多出入，未可专求之于故纸⑩。然能率⑪由旧章，终无大谬。临时治具⑫，亦易指名。

或曰："人心不同，各如其面。子⑬能必天下之口，皆子之口乎？"曰："执柯以伐柯⑭，其则不远。吾虽不能强天下之口与吾同嗜，而姑且推己及物。则食饮虽微，而吾于忠恕之道，则已尽矣。吾何憾哉！"

若夫⑮《说郛》⑯所载饮食之书三十余种，眉公、笠翁⑰，亦有陈言；曾亲试之，皆阏于鼻而蜇⑲于口，大半陋儒附会，吾无取焉。

注释

①诗人：指《诗经》的作者，无定指。美：赞美。周公：西周初期著名的政治家，姓姬名旦，亦称叔旦，因采邑在周（今陕西岐山北），称为周公。②笾（biān）：古代祭祀或宴会时用以盛果脯的竹编食器，形制如豆。③豆：古代食器，初以木制，形似高足盘，后多用于祭祀。④恶：埋怨、痛恨。凡伯：周幽王时期的一位大夫。

⑤疏：粗米。稗：精米。⑥鬐（qí）：即"鳍"，指鱼的背脊。离肺：指分割猪、牛、羊等祭品的肺叶。⑦子：指孔子。⑧雅：非常。⑨灶觚（gū）：指厨房。⑩故纸：指古旧书籍。⑪率：遵循沿用。⑫治具：置办饮食供张器具。⑬子：对对方的尊称。⑭柯：斧柄。伐：砍斫。⑮若夫：至于。⑯《说郛（fú）》：元末明初陶宗仪所编的一部丛书，汇集秦汉至宋元名家作品，为历代私家编集大型丛书中较重要的一种。⑰眉公：指明代文学家陈继儒，字仲醇，号眉公。著有《眉公全集》。笠翁：即清代作家李渔，字笠鸿，号笠翁。著有《闲情偶寄》。⑱阏（è）：阻塞。蜇：刺痛。

目
录

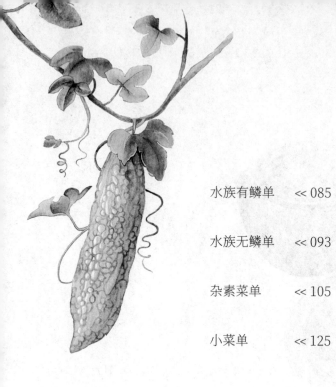

须知单

学问之道，先知而后行。饮食亦然，作《须知单》。

先天^①须知

凡物各有先天，如人各有资禀。人性下愚，虽孔、孟教之，无益也；物性不良，虽易牙^②烹之，亦无味也。指其大略：猪宜皮薄，不可腥臊；鸡宜骟嫩^③，不可老稚；鲫鱼以扁身白肚为佳，乌背者，必崛强^④于盘中；鳗鱼以湖溪游泳为贵，江生者，必槎丫^⑤其骨节；谷喂之鸭，其膘肥而白色；壅土^⑥之笋，其节少而甘鲜；同一火腿也，而好丑判若天渊；同一台鲞^⑦也，而美恶分为冰炭。其他杂物，可以类推。大抵一席佳肴，司厨之功居其六，买办之功居其四。

注释

①先天：人和动物的胚胎时期（和"后天"相对），这里指物（食物）的本性，即没有加工之前就已具备的特性。②易牙：春秋时期齐桓公的幸臣，擅长烹调，善于逢迎。传说曾烹其子以进桓公。后多以易牙作为名厨的代名词。③骟（shàn）嫩：指牲畜被阉割，而肉质变嫩。④崛强（jué jiàng）：僵硬不屈曲。⑤槎丫（chá yā）：原指树枝交错零落，此处形容鱼刺纵横杂乱。⑥壅（yōng）土：混有肥料的土壤。⑦台鲞（xiǎng）：特指浙江台州出产的各类鱼干。

作料须知

厨者之作料，如妇人之衣服首饰也。虽有天姿，虽善涂抹，而敝衣蓝缕①，西子②亦难以为容。善烹调者，酱用伏酱③，先尝甘否；油用香油，须审生熟；酒用酒酿，应去糟粕；醋用米醋，须求清冽。且酱有清浓之分，油有荤素之别，酒有酸甜之异，醋有陈新之殊，不可丝毫错误。其他葱、椒、姜、桂、糖、盐，虽用之不多，而俱宜选择上品。苏州店卖秋油④，有上、中、下三等。镇江醋颜色虽佳，味不甚酸，失醋之本旨矣。以板浦⑤醋为第一，浦口醋次之。

①蓝缕（lǚ）：衣服破烂。蓝，通"褴"。②西子：指春秋末期越国美女西施。③伏酱：指在三伏天制作的酱及酱油，因天热发酵较为充分，其质量最佳。④秋油：酱经发酵，日晒三伏，晴则夜露，至深秋所获第一批酱油，质量最好，又名母油。⑤板浦：今江苏灌云板浦镇。

洗刷须知

洗刷之法：燕窝去毛，海参去泥，鱼翅去沙，鹿筋去臊。肉有筋瓣，剔之则酥；鸭有肾臊，削之则净；鱼胆破，而全盘皆苦；鳗涎存，而满碗多腥；韭删叶而白存；菜弃边而心出。《内则》曰："鱼去乙[1]，鳖去丑[2]。"此之谓也。谚云："若要鱼好吃，洗得白筋出。"亦此之谓也。

①乙：鱼的颊骨。②丑：动物的肛门。

调剂须知

调剂之法，相物而施。有酒、水兼用者，有专用酒不用水者，有专用水不用酒者；有盐、酱并用者，有专用清酱不用盐者，有专用盐不用酱者；有物太腻，要用油先炙者；有气太腥，要用醋先喷者；有取鲜必用冰糖者；有以干燥为贵者，使其味入于内，煎炒之物是也；有以汤多为贵者，使其味溢于外，清浮之物是也。

配搭须知

谚曰:"相女配夫。"《记》^①曰:"拟人必于其伦^②。"烹调之法,何以异焉?凡一物烹成,必需辅佐。要使清者配清,浓者配浓,柔者配柔,刚者配刚,方有和合之妙。其中可荤可素者,蘑菇、鲜笋、冬瓜是也。可荤不可素者,葱、韭、茴香、新蒜是也。可素不可荤者,芹菜、百合、刀豆是也。常见人置蟹粉于燕窝之中,放百合于鸡、猪之肉,毋乃唐尧与苏峻^③对坐,不太悖乎?亦有交互见功者,炒荤菜,用素油,炒素菜,用荤油是也。

注释

①《记》:指《礼记》。②拟:比拟,比较。伦:同类。③唐尧:上古时期传说中的帝王。苏峻:晋朝的将领。

独用须知

味太浓重者,只宜独用,不可搭配。如李赞皇、张江陵一流^①,须专用之,方尽其才。食物中,鳗也,鳖也,蟹也,鲥鱼也,牛羊也,皆宜独食,不可加搭配。何也?此数物者,味甚厚，力量甚大，而流弊亦甚多；用五味调和，全力治之，方能取其长而去其弊，何暇舍其本题，别生枝节哉？金陵人好以海参配甲鱼，鱼翅配蟹粉，我见辄攒眉。觉甲鱼、蟹粉之味，海参、鱼翅分之而不足；海参、鱼翅之弊，甲鱼、蟹粉染之而有余。

①李赞皇：唐宪宗时的宰相李绛，河北赞皇人，故人称李赞皇。张江陵：明神宗时的内阁首辅张居正，湖北江陵人，故人称张江陵。

火候须知

熟物之法，最重火候。有须武火者，煎炒是也；火弱则物疲矣。有须文火者，煨煮是也；火猛则物枯矣。有先用武火而后用文火者，收汤之物是也；性急则皮焦而里不熟矣。有愈煮愈嫩者，腰子、鸡蛋之类是也；有略煮即不嫩者，鲜鱼、蚶蛤之类是也。肉起迟则红色变黑，鱼起迟则活肉变死。屡开锅盖，则多沫而少香。火熄再烧，则走油而味失。道人以丹成九转为仙，儒家以无过、不及为中。司厨者，能知火候而谨伺之，则几于道矣。鱼临食时，色白如玉，凝而不散者，活肉也；色白如粉，不相胶粘者，死肉也。明明鲜鱼，而使之不鲜，可恨已极。

色臭^①须知

目与鼻，口之邻也，亦口之媒介也。嘉肴到目、到鼻，色臭便有不同。或净若秋云，或艳如琥珀，其芬芳之气，亦扑鼻而来，不必齿决^②之、舌尝之，而后知其妙也。然求色不可用糖炒，求香不可用香料。一涉粉饰，便伤至味^③。

①臭（xiù）：气味。②决：咬嚼。③至味：食物最真实的美味。

迟速须知

凡人请客，相约于三日之前，自有工夫平章^①百味。若斗然客至，急需便餐；作客在外，行船落店，此何能取东海之水，救南池之焚乎？必须预备一种急就章^②之菜，如炒鸡片、炒肉丝、炒虾米豆腐及糟鱼、茶腿^③之类，反能因速而见巧者，不可不知。

①平章：考虑准备。②急就章：急忙写成的文章。这里指临时做成的菜肴。③糟鱼：用酒或糟腌制的鱼。茶腿：火腿。

变换须知

一物有一物之味，不可混而同之。犹如圣人设教^①，因才乐育，不拘一律，所谓君子成人之美也。今见俗厨，动以鸡、鸭、猪、鹅，一汤同滚，遂令千手雷同，味同嚼蜡。吾恐鸡、猪、鹅、鸭有灵，必到枉死城^②中告状矣。善治菜者，须多设锅、灶、盂、钵之类，使一物各献一性，一碗各成一味。嗜者舌本应接不暇，自觉心花顿开。

①设教：施教。②枉死城：按迷信的说法，被冤枉而死的人，死后都要到枉死城中。此处是玩笑话。

器具须知

古语云：美食不如美器。斯语是也。然宣、成、嘉、万[1]，窑器太贵，颇愁损伤，不如竟用御窑[2]，已觉雅丽。惟是宜碗者碗，宜盘者盘，宜大者大，宜小者小，参错其间，方觉生色。若板板[3]于十碗八盘之说，便嫌笨俗。大抵物贵者器宜大，物贱者器宜小；煎炒宜盘，汤羹宜碗；煎炒宜铁锅，煨煮宜砂罐。

①宣、成、嘉、万：指明代宣德、成化、嘉靖、万历四朝。②竟：从头到尾，全。御窑：生产宫廷用品的瓷窑。③板板：形容呆板，不知变通。

上菜须知

上菜之法：咸者宜先，淡者宜后；浓者宜先，薄者宜后；无汤者宜先，有汤者宜后。且天下原有五味，不可以咸之一味概之。度[1]客食饱，则脾困矣，须用辛辣以振动[2]之；虑客酒多，则胃疲矣，须用酸甘以提醒[3]之。

①度（duó）：猜度，估计。②振动：刺激。③提醒：指提神醒酒。

时节须知

夏日长而热，宰杀太早，则肉败矣；冬日短而寒，烹饪稍迟，则物生矣。冬宜食牛羊，移之于夏，非其时也；夏宜食干腊①，移之于冬，非其时也。辅佐之物，夏宜用芥末，冬宜用胡椒。当三伏天而得冬腌菜，贱物也，而竟成至宝矣；当秋凉时而得行鞭笋②，亦贱物也，而视若珍羞③矣。有先时而见好者，三月食鲥鱼是也；有后时而见好者，四月食芋艿是也。其他亦可类推。有过时而不可吃者，萝卜过时则心空，山笋过时则味苦，刀鲚④过时则骨硬。所谓四时之序，成功者退，精华已竭，褰裳⑤去之也。

①干腊：在冬天（多在腊月）加工干制而成的各种肉类食品。②行鞭笋：竹笋的一种，因其形如鞭，故名。③珍羞（xiū）：珍贵的

食物。④刀鲚（jì）：一种鱼类，身体侧扁，生活在海洋中，春末夏初到江河中产卵，俗称凤尾鱼。⑤褰（qiān）裳：撩起衣裳。

多寡须知

用贵物宜多，用贱物宜少。煎炒之物多，则火力不透，肉亦不松。故用肉不得过半斤，用鸡、鱼不得过六两①。或问："食之不足，如何？"曰："俟②食毕后另炒可也。"以多为贵者，白煮肉，非二十斤以外，则淡而无味。粥亦然，非斗米，则汁浆不厚，且须扣水，水多物少，则味亦薄矣。

注释

①六两：古代十六两为一市斤，清朝的六两相当于现在的0.375市斤。②俟（sì）：等待。

洁净须知

切葱之刀，不可以切笋；捣椒之臼①，不可以捣粉。闻菜有抹布气者，由其布之不洁也；闻菜有砧板气者，由其板之不净也。"工欲善其事，必先利其器。"良厨先多磨刀，多换布，多刮板，多洗手，然后治菜。至于口吸之烟灰，头上之汗汁，灶上之蝇蚁，锅上之烟煤，一玷②入菜中，虽绝好烹庖，如西子蒙不洁，人皆掩鼻而过之矣。

①臼（jiù）：舂米的器具，用石头或木头制成，中部凹下。②玷（diàn）：玷污。

用纤①须知

俗名豆粉为纤者，即拉船用纤也。须顾名思义。因治肉者，要作团而不能合，要作羹而不能腻，故用粉以纤合之。煎炒之时，虑肉贴锅，必至焦老，故用粉以护持之。此纤义也。能解此义用纤，纤必恰当，否则乱用可笑，但觉一片糊涂。《汉制考》②齐呼曲麸为媒，媒即纤矣。

①用纤（qiàn）：又称为"打芡"或"勾芡"，中国烹调的一种常见技法。"纤"通"芡"。②《汉制考》：宋代王应麟著，研究汉代

政治、社会制度的书。

选用须知

选用之法：小炒肉用后臀①，做肉圆用前夹心②，煨肉用硬短勒③。炒鱼片用青鱼、季鱼④，做鱼松用鲩鱼⑤、鲤鱼。蒸鸡用雏鸡，煨鸡用骟鸡，取鸡汁用老鸡。鸡用雌才嫩，鸭用雄才肥。莼菜用头，芹、韭用根，皆一定之理，余可类推。

①后臀：后腿紧靠坐臀的部位。②夹心：猪肉部位，位于猪肩颈肉的下部，铲子骨上部，连有五根肋骨。③硬短勒：猪肉部位，位于肋条骨下的板状肉。④季鱼：即鳜（guì）鱼。⑤鲩鱼：鲩，同鲩（huàn），即草鱼。

疑似须知

味要浓厚，不可油腻；味要清鲜，不可淡薄。此疑似之间，"差之毫厘，失之千里"。浓厚者，取精多而糟粕去之谓也。若徒贪肥腻，不如专食猪油矣。清鲜者，真味出而俗尘无之谓也。若徒贪淡薄，则不如饮水矣。

补救须知

名手调羹，咸淡合宜，老嫩如式[1]，原无须补救。不得已为中人说法，则调味者，宁淡毋咸，淡可加盐以救之，咸则不能使之再淡矣；烹鱼者，宁嫩毋老，嫩可加火候以补之，老则不能强之再嫩矣。此中消息[2]，于一切下作料时，静观火色，便可参详[3]。

注释

①式：常规，标准。②消息：机关上的枢纽，意为关键。③参详：参酌详审。

本分须知

满洲菜多烧煮，汉人菜多羹汤，童而习之，故擅长也。汉请满人，满请汉人，各用所长之菜，转觉入口新鲜，不失邯郸故步[1]。今人忘其本分，而要格外讨好，汉请满人用满菜，满请汉人用汉菜，反致依样葫芦，有名无实，"画虎不成反类犬"矣。秀才下场②，专作自己文字，务极其工③，自有遇合④。若逢一宗师而摹仿之，逢一主考而摹仿之，则掇皮⑤无异，终身不中矣。

①邯郸（hán dān）故步：比喻模仿不成，反而把自己原有的东西忘掉了。又称"邯郸学步"。②下场：到考场应试。③工：工整，指做好文章。④遇合：遇到赏识自己的人。⑤掇（duō）皮：拾取皮毛而已。

戒单

为政者兴一利，不如除一弊。能除饮食之弊，则思过半矣。作《戒单》。

戒外加油

俗厨制菜，动熬猪油一锅，临上菜时，勺取而分浇之，以为肥腻。甚至燕窝至清之物，亦复受此玷污。而俗人不知，长吞大嚼，以为得油水入腹，故知前生是饿鬼投来。

戒同锅熟

同锅熟之弊，已载前"变换须知"一条中。

戒耳餐

何谓耳餐？耳餐者，务名之谓也，贪贵物之名，夸敬客之意，是以耳餐，非口餐也。不知豆腐得味，远胜燕窝；海菜不佳，不如蔬笋。余尝谓鸡、猪、鱼、鸭，豪杰之士也，各有本味，自成一家；海参、燕窝，庸陋之人也，全无性情，寄人篱下。尝见某太守宴客，大碗如缸臼，白煮燕窝四两，丝毫无味，人争夸之。余笑曰："我辈来吃燕窝，非来贩燕窝也。"可贩不可吃，虽多奚为？若徒夸体面，不如碗中竟放明珠百粒，则价值万金矣，其如吃不得何？

戒目食

何谓目食？目食者，贪多之谓也。今人慕"食前方丈[①]"之名，多盘叠碗，是以目食，非口食也。不知名手写字，多则必有败笔；名人作诗，烦则必有累句。极名厨之心力，一日之中，所作好菜不过四五味耳，尚难拿准，况拉杂横陈乎？就使帮助多人，亦各有意见，全无纪律，愈多愈坏。余尝过[②]一商家，上菜三撤席，点心十六道，共算食品将至四十余种。主人自觉欣欣得意，而余散席还家，仍煮粥充饥，可想见其席之丰而不洁矣。南朝孔琳之曰："今人好用多品，适口之外，皆为悦目之资。"余以为肴馔横陈，熏蒸腥秽，口亦无可悦也。

①食前方丈：指眼前的一片地方摆满了佳肴，极言其奢华。②过：拜访、探望。

戒穿凿①

物有本性，不可穿凿为之，自成小巧。即如燕窝佳矣，何必捶以为团？海参可矣，何必熬之为酱？西瓜被切，略迟不鲜，竟有制以为糕者。苹果太熟，上口不脆，竟有蒸之以为脯者。他如《遵生八笺》之秋藤饼、李笠翁之玉兰糕，都是矫揉造作，以杞柳为杯棬②，全失大方。譬如庸德庸行，做到家便是圣人，何必索隐行怪③乎？

注释

①穿凿：非常牵强地解释。②以杞（qǐ）柳为杯棬（quān）：此句出于《孟子·告子上》，比喻物件失去它原来的形性。③索隐行怪：搜寻隐僻的东西，行为稀奇古怪。

戒停顿

物味取鲜，全在起锅时及锋而试①，略为停顿，便如霉过衣裳，虽锦绣绮罗，亦晦闷②而旧气可憎矣。尝见性急主人，每摆菜必一齐搬出，于是厨人将一席之菜，都放蒸笼中，候主人催取，通行齐上。此中尚得有佳味哉？在善烹饪者，一盘一碗，费尽心思；在吃者，卤莽暴戾，囫囵吞下，真所谓得哀家梨[3]，仍复蒸食者矣。余到粤东，食杨兰坡明府鳝羹而美，访其故，曰："不过现杀、现烹、现熟、现吃，不停顿而已。"他物皆可类推。

注释

①及锋而试：趁着刀剑锋利的时候用它。及，趁。②晦闷：色泽暗淡。③哀家梨：传说汉朝秣陵人哀仲家所种之梨，实大而味美，当时人称"哀家梨"。

戒暴殄[1]

暴者不恤人功，殄者不惜物力。鸡、鱼、鹅、鸭，自首至尾，俱有味存，不必少取多弃也。尝见烹甲鱼者，专取其裙[2]而不知味在肉中；蒸鲥鱼者，专取其肚而不知鲜在背上。至贱莫如腌蛋，其佳处虽在黄不在白，然全去其白而专取其黄，则食者亦觉索然矣。且予为此言，并非俗人惜福之谓。假使暴殄而有益于饮食，犹之可也；暴殄而反累于饮食，又何苦为之？至于烈炭以炙活鹅之掌，刳刀[3]以取生鸡之肝，皆君子所不为也。何也？物为人用，使之死，可也；使之求死不得，不可也。

注释

①暴殄（tiǎn）：任意糟蹋残害。②裙：甲鱼介壳周围的肉质软
边。③刉（tuán）刀：用以宰鸡的尖刀。

戒纵酒

事之是非，唯醒人能知之；味之美恶，亦唯醒人能知之。
伊尹①曰："味之精微，口不能言也。"口且不能言，岂有呼呶②
酗酒之人，能知味者乎？往往见拇战③之徒，啖佳菜如啖木屑，
心不存焉。所谓唯酒是务，焉知其余，而治味之道扫地矣。万
不得已，先于正席尝菜之味，后于撤席逞酒之能，庶乎其两
可也。

注释

①伊尹：商汤时大臣，相传其为名厨。②呼呶（náo）：大喊大
叫。③拇战：猜拳。

戒火锅

　　冬日宴客，惯用火锅，对客喧腾，已属可厌。且各菜之味，有一定火候，宜文宜武，宜撤宜添，瞬息难差。今一例以火逼之，其味尚可问哉？近人用烧酒代炭，以为得计，而不知物经多滚，总能变味。或问："菜冷奈何？"曰："以起锅滚热之菜，不使客登时食尽，而尚能留之以至于冷，则其味之恶劣可知矣。"

戒强让

　　治具宴客，礼也。然一看既上，理宜凭客举箸，精肥整碎，各有所好，听从客便，方是道理，何必强让之？尝见主人以箸夹取，堆置客前，污盘没碗，令人生厌。须知客非无手无目之人，又非儿童、新妇，怕羞忍饿，何必以村姬小家子之见解待之？其慢客也至矣！近日倡家①，尤多此种恶习，以箸取菜，硬入人口，有类强奸，殊为可恶。长安有甚好请客而菜不佳者，一客问曰："我与君算相好乎？"主人曰："相好！"客跽②而请曰："果然相好，我有所求，必允许而后起。"主人惊问："何求？"曰："此后君家宴客，求免见招。"合坐为之大笑。

注释

①倡家：古称歌舞艺人为倡。②跽（jì）：古人席地而坐，以两膝着地。股不挨脚跟为跪，跪而耸身直腰为跽。

戒走油①

凡鱼、肉、鸡、鸭，虽极肥之物，总要使其油在肉中，不落汤中，其味方存而不散。若肉中之油，半落汤中，则汤中之味，反在肉外矣。推原其病有三：一误于火太猛，滚急水干，重番加水；一误于火势忽停，既断复续；一病在于太要相度②，屡起锅盖，则油必走。

注释

①走油：指肉质中所含的脂肪美味流失。②太要：急于。相度：观察锅内食物烧煮的状况。

戒落套

唐诗最佳，而五言八韵之试帖①，名家不选，何也？以其落套故也。诗尚如此，食亦宜然。今官场之菜，名号有"十六碟""八簋②""四点心"之称，有"满汉席"之称，有"八小吃"之称，有"十大菜"之称。种种俗名，皆恶厨陋习，只可用之于新亲上门、上司入境，以此敷衍，配上椅披、桌裙、插屏、香案，三揖百拜方称。若家居欢宴，文酒③开筵，安可用此恶套哉？必须盘碗参差，整散杂进，方有名贵之气象。余家寿筵婚席，动至五六桌者，传唤外厨，亦不免落套。然训练之卒，范④我驰驱者，其味亦终竟不同。

注释

①五言八韵之试帖：唐代以来科举考试中采用的一种诗体。考生须用古人诗句为题，按照限定韵脚写五言六韵或五言八韵的排律。②簋（guǐ）：古代食器。③文酒：饮酒赋诗。④范：法则，规范。

戒混浊

混浊者，并非浓厚之谓。同一汤也，望去非黑非白，如缸中搅浑之水。同一卤也，食之不清不腻，如染缸倒出之浆。此种色味令人难耐。救之之法，总在洗净本身，善加作料，伺察水火，体验酸咸，不使食者舌上有隔皮隔膜之嫌。庾子山①论文云："索索^②无真气，昏昏^③有俗心。"是即混浊之谓也。

注释

①庾子山：即庾信，北周文学家。②索索：冷清的样子。③昏昏：迷乱的样子。

戒苟且

凡事不宜苟且，而于饮食尤甚。厨者，皆小人下材，一日不加赏罚，则一日必生怠玩。火齐^①未到而姑且下咽，则明日之菜必更加生；真味已失而含忍不言，则下次之羹必加草率。且又不止，空赏空罚而已也。其佳者，必指示其所以能佳之由；其劣者，必寻求其所以致劣之故。咸淡必适其中，不可丝毫加减；久暂必得其当，不可任意登盘。厨者偷安，吃者随便，皆饮食之大弊。审问、慎思、明辨^②，为学之方也；随时指点，教学相长，作师之道也。于味何独不然也？

注释

①火齐：火候。②审问：详细询问。慎思：慎重地思考。明辨：明确地辨析。

海鲜单

古八珍，并无海鲜之说。今世俗尚之，不得不吾从众。作《海鲜单》。

燕窝

燕窝贵物，原不轻用。如用之，每碗必须二两，先用天泉①、滚水泡之，将银针挑去黑丝，用嫩鸡汤、好火腿汤、新蘑菇三样汤滚之，看燕窝变成玉色为度。此物至清，不可以油腻杂之；此物至文②，不可以武物③串之。今人用肉丝、鸡丝杂之，是吃鸡丝、肉丝，非吃燕窝也。且徒务其名，往往以三钱生燕窝盖碗面，如白发数茎，使客一撩不见，空剩粗物满碗，"真乞儿卖富，反露贫相"。不得已，则蘑菇丝、笋尖丝、鲫鱼肚、野鸡嫩片尚可用也。余到粤东，杨明府冬瓜燕窝甚佳，以柔配柔，以清入清，重用鸡汁、蘑菇汁而已。燕窝皆作玉色，不纯白也。或打作团，或敲成面，俱属穿凿。

注释

①天泉：天然泉水。②文：柔软。③武物：指质硬带骨的原材料。

海参三法

海参，无味之物，沙多气腥，最难讨好。然天性浓重，断不可以清汤煨也。须检小刺参，先泡去沙泥，用肉汤滚泡三次，然后以鸡、肉两汁红煨极烂。辅佐则用香蕈[1]、木耳，以其色黑相似也。大抵明日请客，则先一日要煨，海参才烂。尝见钱观察[2]家，夏日用芥末、鸡汁拌冷海参丝，甚佳。或切小碎丁，用笋丁、香蕈丁入鸡汤煨作羹。蒋侍郎家用豆腐皮、鸡腿、蘑菇煨海参，亦佳。

①香蕈（xùn）：即香菇。②观察：清代道员的俗称。

鱼翅二法

鱼翅难烂，须煮两日，才能摧刚为柔。用有二法：一用好火腿、好鸡汤，加鲜笋、冰糖钱许煨烂，此一法也；一纯用鸡汤串细萝卜丝，拆碎鳞翅搀和其中，漂浮碗面，令食者不能辨其为萝卜丝、为鱼翅，此又一法也。用火腿者，汤宜少；用萝卜丝者，汤宜多。总以融洽柔腻为佳。若海参触鼻，鱼翅跳盘[1]，便成笑话。吴道士家做鱼翅，不用下鳞[2]，单用上半原根，亦有风味。萝卜丝须出水二次，其臭才去。尝在郭耕礼家吃鱼翅炒菜，妙绝！惜未传其方法。

①海参触鼻，鱼翅跳盘：指海参、鱼翅因未泡发至透，烹调难以煨烂，在食用品尝时，会因为海参的僵硬，容易触及鼻尖，而鱼翅也会硬直，在夹食时，容易滑脱盘外。②下鳞：鱼翅下半段。

鰒鱼①

鰒鱼炒薄片甚佳。杨中丞②家，削片入鸡汤豆腐中，号称"鰒鱼豆腐"，上加陈糟油③浇之。庄太守④用大块鰒鱼煨整鸭，亦别有风趣。但其性坚，终不能齿决。火煨三日，才拆得碎。

注释

①鰒（fù）鱼：即鲍鱼。②中丞：官名，汉代为御史大夫下设属官，负责察举非法。明清时期各省巡抚也称中丞。③糟油：以麻油、甜糟、盐为主要原料的特制调味品。④太守：官名，原设郡守，管理一郡的事，汉时更名为太守，明清时专指知府。

淡菜①

淡菜煨肉加汤，颇鲜。取肉去心，酒炒亦可。

注释

①淡菜：贻贝的肉经煮熟后晒干而成的干制食品。

海蜒①

　　海蜒，宁波小鱼也，味同虾米，以之蒸蛋甚佳，作小菜亦可。

注释

①海蜒（yǎn）：又名海蜓，产于福建、浙江等地，是很稀有的海味品。

乌鱼①蛋

　　乌鱼蛋最鲜，最难服事②。须河水滚透，撤沙去臊，再加鸡汤、蘑菇煨烂。龚云若司马家，制之最精。

注释

①乌鱼：又称乌贼、墨鱼。所谓乌鱼蛋是将乌鱼缠卵腺加工制成的一种海味珍品，是中国传统的风味食品。②服事：处理。

江瑶柱①

江瑶柱出产宁波，治法与蚶、蛏②同。其鲜脆在柱，故剖壳时，多弃少取。

注释

①江瑶柱：即干贝，是一种名贵的海味品。②蚶（hān）：软体动物，壳厚而坚硬，肉质鲜美。蛏（chēng）：软体动物，介壳两扇，生活在近岸的海水里，肉质鲜美。

蛎黄①

蛎黄生石子上，壳与石子胶粘不分。剥肉作羹，与蚶、蛤②相似。一名鬼眼。乐清、奉化③两县土产，别地所无。

注释

①蛎黄：即牡蛎肉。②蛤（gé）：即蛤蜊。③乐清、奉化：均属浙江。

江鲜单

郭璞[1]《江赋》鱼族甚繁，今择其常有者治之。作《江鲜单》。

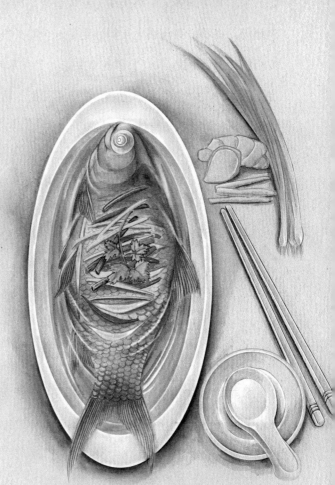

注释

[1] 郭璞（pú）：东晋时期的文学家、训诂学家。

刀鱼[1]二法

刀鱼用蜜酒酿、清酱，放盘中，如鲥鱼法，蒸之最佳，不必加水。如嫌刺多，则将极快刀刮取鱼片，用钳抽去其刺。用火腿汤、鸡汤、笋汤煨之，鲜妙绝伦。金陵人畏其多刺，竟油炙极枯，然后煎之。谚曰："驼背夹直，其人不活[2]。"此之谓也。或用快刀，将鱼背斜切之，使碎骨尽断，再下锅煎黄，加作料，临食时竟不知有骨。芜湖陶大太法也。

①刀鱼：又称鲚鱼，形状狭长而薄，似刀形，鱼刺颇多。②驼背夹直，其人不活：硬把驼背人的脊骨夹直了，这个人也就被夹死了，意谓适得其反。

鲥鱼[1]

鲥鱼用蜜酒[2]蒸食，如治刀鱼之法便佳。或竟用油煎，加清酱、酒酿亦佳。万不可切成碎块加鸡汤煮，或去其背，专取肚皮，则真味全失矣。

①鲥（shí）鱼：又称三黎鱼、三来鱼，我国南方河流多有出产，尤以长江一带出产最好。②蜜酒：用蜂蜜酿制的酒，或为甜酒。

鲟鱼

尹文端公①，自夸治鲟、鳇最佳。然煨之太熟，颇嫌重浊。唯在苏州唐氏，吃炒鳇鱼片甚佳。其法：切片油炮②，加酒、秋油滚三十次，下水再滚，起锅加作料，重用瓜姜、葱花。又一法：将鱼白水煮十滚，去大骨，肉切小方块；取明骨③，切小方块；鸡汤去沫，先煨明骨八分熟，下酒、秋油，再下鱼肉，煨二分烂，起锅加葱、椒、韭，重用姜汁一大杯。

注释

①尹文端公：即尹继善，字元长，号望山，满洲镶黄旗人，曾参修《江南通志》。②油炮（bāo）：一种烹饪方法，把鱼肉等物用油在急火上炒熟。炮也可称为"爆"。③明骨：指鲟鱼头部及脊背间的软骨，俗称"脆骨"，色白软脆，营养丰富。

黄鱼[1]

黄鱼切小块，酱、酒郁[2]一个时辰，沥干。入锅爆炒两面黄，加金华豆豉一茶杯、甜酒一碗、秋油一小杯，同滚。候卤干色红，加糖，加瓜姜收起，有沉浸浓郁之妙。又一法：将黄鱼拆碎，入鸡汤作羹，微用甜酱水、纤粉收起之，亦佳。大抵黄鱼亦系浓厚之物，不可以清治之也。

 注释

①黄鱼：即黄花鱼。②郁：通"燠"，温暖，这里指密封浸泡。

班鱼[1]

班鱼最嫩，剥皮去秽，分肝、肉二种，以鸡汤煨之，下酒三分、水二分、秋油一分。起锅时，加姜汁一大碗、葱数茎，杀去腥气。

 注释

①班鱼：也称斑点鱼，形似河豚。

假蟹^①

煮黄鱼二条，取肉去骨，加生盐蛋四个，调碎，不拌入鱼肉。起油锅炮，下鸡汤滚，将盐蛋搅匀，加香蕈、葱、姜汁、酒，吃时酌用醋。

 注释

①假蟹：这里是指用烹制螃蟹的方法烹制的黄花鱼。因为它具有螃蟹特有的鲜味，故称"假蟹"。

特牲单

猪用最多，可称「广大教主[一]」，宜古人有持豚馈食之礼[二]。作《特牲单》。

注释

[一] 广大教主：各种物料的首领。[二] 持豚馈食之礼：以猪肉为主要原料制成食物，作为馈赠的礼物。

猪头二法

洗净五斤重者，用甜酒三斤；七八斤者，用甜酒五斤。先将猪头下锅同酒煮，下葱三十根、八角三钱，煮二百余滚；下秋油一大杯、糖一两，候熟后尝咸淡，再将秋油加减；添开水要漫过猪头一寸，上压重物，大火烧一炷香；退出大火，用文火细煨，收干以腻为度；烂后即开锅盖，迟则走油。一法：打木桶一个，中用铜帘隔开，将猪头洗净，加作料闷[①]入桶中，用文火隔汤蒸之，猪头熟烂，而其腻垢[②]悉从桶外流出，亦妙。

①闷：用同"焖"。②腻垢：污垢。

猪蹄四法

蹄膀一只，不用爪，白水煮烂，去汤；好酒一斤，清酱油杯半，陈皮一钱，红枣四五个，煨烂。起锅时，用葱、椒、酒泼入，去陈皮、红枣，此一法也。又一法：先用虾米煎汤代水，加酒、秋油煨之。又一法：用蹄膀一只，先煮熟，用素油灼皱其皮，再加作料红煨。有土人好先掇^①食其皮，号称"揭单被"。又一法：用蹄膀一个，两钵合之，加酒、加秋油，隔水蒸之，以二枝香^②为度，号"神仙肉"。钱观察家制最精。

①掇（duō）：拾取，削除。②二枝香：即二炷香，约一个半小时。

猪爪　猪筋

专取猪爪，剔去大骨，用鸡肉汤清煨之。筋味与爪相同，可以搭配；有好腿爪，亦可搀入。

猪肚二法

将肚洗精，取极厚处，去上下皮，单用中心，切骰子^①块，滚油炮炒，加作料起锅，以极脆为佳。此北人法也。南人白水加酒，煨二枝香，以极烂为度，蘸清盐食之，亦可；或加鸡汤作料，煨烂熏切，亦佳。

①毻（tóu）子：一种游戏用具。

猪肺二法

洗肺最难，以冽①尽肺管血水，剔去包衣为第一着。敲之、仆②之、挂之、倒之，抽管割膜，工夫最细。用酒水滚一日一夜，肺缩小如一片白芙蓉，浮于汤面。再加作料，上口如泥。汤西厓少宰宴客，每碗四片，已用四肺矣。近人无此工夫，只得将肺拆碎，入鸡汤煨烂亦佳。得野鸡汤更妙，以清配清故也。用好火腿煨亦可。

①冽（liè）：同"沥"，滴落之意。②仆：同"扑"，敲打。

猪腰

腰片，炒枯则木，炒嫩则令人生疑；不如煨烂，蘸椒盐食之为佳。或加作料亦可。只宜手摘，不宜刀切。但须一日工夫，才得如泥耳。此物只宜独用，断不可搀入别菜中，最能夺味而惹腥。煨三刻则老，煨一日则嫩。

猪里肉[1]

猪里肉，精而且嫩，人多不食。尝在扬州谢蕴山[2]太守席上，食而甘之。云以里肉切片，用纤粉团成小把，入虾汤中，加香蕈、紫菜清煨，一熟便起。

①里肉：即里脊肉。②谢蕴山：原名谢启昆，清朝著名学者。

白片肉

须自养之猪，宰后入锅，煮到八分熟，泡在汤中，一个时辰取起。将猪身上行动之处[1]薄片上桌，不冷不热，以温为度。此是北人擅长之菜。南人效之，终不能佳。且零星市脯，亦难用也。寒士请客，宁用燕窝，不用白片肉，以非多不可故也。割法须用小快刀片之，以肥瘦相参[2]，横斜碎杂为佳，与圣人"割不正不食"一语截然相反。其猪身，肉之名目甚多，满洲"跳神肉③"最妙。

①猪身上行动之处：猪经常活动的部位，指猪的前后腿。②参：即"掺"。③跳神肉：跳神是满族祭神请神之舞。祭神时将猪白煮，祭礼毕，众人席地割肉而食，称跳神肉。

红煨肉三法

或用甜酱，或用秋油，或竟不用秋油、甜酱。每肉一斤，用盐三钱，纯酒煨之。亦有用水者，但须熬干水汽。三种治法皆红如琥珀，不可加糖炒色。早起锅则黄，当可则红过迟则红色变紫，而精肉转硬。常起锅盖，则油走而味都在油中矣。大抵割肉虽方，以烂到不见锋棱，上口而精肉俱化为妙。全以火候为主。谚云："紧火粥，慢火肉。"至哉言乎！

白煨肉

每肉一斤，用白水煮八分好，起出去汤；用酒半斤，盐二钱半，煨一个时辰；用原汤一半加入，滚干汤腻为度；再加葱、椒、木耳、韭菜之类，火先武后文。又一法：每肉一斤，用糖一钱，酒半斤，水一斤，清酱半茶杯；先放酒，滚肉一二十次，加茴香一钱，加水闷烂，亦佳。

油灼肉

用硬短勒切方块，去筋襻[1]，酒酱郁过，入滚油中炮炙[2]之，使肥者不腻，精者肉松。将起锅时，加葱、蒜，微加醋喷之。

①筋襻（pàn）：瘦肉或骨头上的白色条状物。②炮炙：指把肉放在滚油中煎炸。

干锅蒸肉

用小磁钵，将肉切方块，加甜酒、秋油，装大钵内封口，放锅内，下用文火干蒸之，以两枝香为度，不用水。秋油与酒之多寡，相肉而行，以盖满肉面为度。

盖碗装肉

放手炉上。法与前同。

磁坛装肉

放砻糠[1]中慢煨。法与前同。总须封口。

①砻（lóng）糠：稻壳。

脱沙肉

去皮切碎，每一斤用鸡子三个，青黄俱用[1]，调和拌肉；再斩碎，入秋油半酒杯，葱末拌匀，用网油[2]一张裹之；外再用菜油四两，煎两面，起出去油；用好酒一茶杯，清酱半酒杯，闷透；提起切片，肉之面上，加韭菜、香蕈、笋丁。

注释

①青黄俱用：蛋清和蛋黄都要用。青，同"清"。②网油：从猪的大肠上剥离的一层薄脂油，呈网状型。

晒干肉

切薄片精肉，晒烈日中，以干为度。用陈大头菜，夹片干炒。

火腿煨肉

火腿切方块，冷水滚三次，去汤沥干；将肉切方块，冷水滚二次，去汤沥干；放清水煨，加酒四两、葱、椒、笋、香蕈。

台鲞煨肉

法与火腿煨肉同。鲞易烂，须先煨肉至八分，再加鲞；凉之，则号"鲞冻"。绍兴人菜也。鲞不佳者，不必用。

粉蒸肉

用精肥参半之肉，炒米粉黄色，拌面酱蒸之，下用白菜作垫。熟时不但肉美，菜亦美。以不见水，故味独全。江西人菜也。

熏煨肉

先用秋油、酒将肉煨好，带汁上木屑，略熏之，不可太久，使干湿参半，香嫩异常。吴小谷广文[1]家，制之精极。

①广文：明清以来，泛指儒家教官。

芙蓉肉[1]

精肉一斤，切片，清酱拖过，风干一个时辰。用大虾肉四十个，猪油二两，切骰子大，将虾肉放在猪肉上。一只虾，一块肉，敲扁，将滚水煮熟撩起。熬菜油半斤，将肉片放在有眼铜勺^②内，将滚油灌熟^③。再用秋油半酒杯，酒一杯，鸡汤一茶杯，熬滚，浇肉片上，加蒸粉、葱、椒糁^④上起锅。

①芙蓉肉：以猪肉、虾肉为原料烹制而成。②有眼铜勺：即"笊篱"，也叫"漏勺"。③灌熟：把热油反复浇浸在食物上，直至食物成熟为止。④糁（sǎn）：溅洒。

荔枝肉

用肉切大骨牌^①片，放白水煮二三十滚，撩起；熬菜油半斤，将肉放入炮透，撩起，用冷水一激，肉皱，撩起；放入锅内，用酒半斤，清酱一小杯，水半斤，煮烂。

①骨牌：牌类娱乐用具。

八宝肉

用肉一斤，精肥各半，白煮一二十滚，切柳叶片。小淡菜二两，鹰爪[1]二两，香蕈一两，花海蜇[2]二两，胡桃肉四个去皮，笋片四两，好火腿二两，麻油一两，将肉入锅，秋油、酒煨至五分熟，再加余物，海蜇下在最后。

①鹰爪：茶叶名，即嫩茶。②花海蜇（zhé）：即海蜇头。

菜花头煨肉

用台心菜嫩蕊，微腌，晒干用之。

炒肉丝

切细丝，去筋襻、皮、骨，用清酱、酒郁片时，用菜油熬起，白烟变青烟后，下肉炒匀，不停手；加蒸粉、醋一滴、糖一撮、葱白、韭、蒜之类；只炒半斤，大火，不用水。又一法：用油炮后，用酱水加酒略煨，起锅红色，加韭菜尤香。

炒肉片

将肉精肥各半，切成薄片，清酱拌之。入锅油炒，闻响即加酱、水、葱、瓜、冬笋、韭芽，起锅火要猛烈。

八宝肉圆

猪肉精肥各半，斩成细酱，用松仁、香蕈、笋尖、荸荠、瓜、姜之类，斩成细酱，加纤粉和捏成团，放入盘中，加甜酒、秋油蒸之。入口松脆。家致华云："肉圆宜切，不宜斩。"必别有所见。

空心肉圆

将肉捶碎郁过，用冻猪油一小团作馅子，放在团内蒸之，则油流去，而团子空矣。此法镇江人最善。

锅烧肉

煮熟不去皮，放麻油灼过，切块加盐，或蘸清酱，亦可。

酱肉

先微腌，用面酱酱之，或单用秋油拌郁，风干。

糟肉

先微腌，再加米糟。

暴腌肉

微盐擦揉，三日内即用。以上三味，皆冬月菜也，春夏不宜。

尹文端公家风肉[1]

　　杀猪一口，斩成八块，每块炒盐四钱，细细揉擦，使之无微不到，然后高挂有风无日处。偶有虫蚀，以香油涂之。夏日取用，先放水中泡一宵，再煮，水亦不可太多太少，以盖肉面为度。削片时，用快刀横切，不可顺肉丝而斩也。此物唯尹府至精，常以进贡。今徐州风肉不及，亦不知何故。

　　①风肉：经过腌制后风干的肉。

家乡肉

　　杭州家乡肉，好丑不同，有上、中、下三等。大概淡而能鲜，精肉可横咬者为上品。放久即是好火腿。

笋煨火肉[1]

　　冬笋切方块，火肉切方块，同煨。火腿撤去盐水两遍，再入冰糖煨烂。席武山别驾②云："凡火肉煮好后，若留作次日吃者，须留原汤，待次日将火肉投入汤中滚热才好。若干放离汤，则风燥而肉枯；用白水，则又味淡。"

①火肉：即火腿肉。②别驾：官名。汉置别驾从事史，为刺史的佐官。宋置通判，近似别驾之职，后世因延称通判为别驾。

烧小猪

小猪一个，六七斤重者，钳毛去秽，叉上炭火炙之。要四面齐到，以深黄色为度。皮上慢慢以奶酥油涂之，屡涂屡炙。食时酥为上，脆次之，硬斯下矣。旗人有单用酒、秋油蒸者，亦佳，吾家龙文弟颇得其法。

烧猪肉

凡烧猪肉，须耐性。先炙里面肉，使油膏走入皮内，则皮松脆而味不走；若先炙皮，则肉上之油尽落火上，皮既焦硬，味亦不佳。烧小猪亦然。

排骨

取勒条排骨精肥各半者，抽去当中直骨，以葱代之，炙用醋、酱，频频刷上，不可太枯。

罗蓑肉

以作鸡松法作之。存盖面之皮，将皮下精肉斩成碎团，加作料烹熟。聂厨能之。

端州^①三种肉

一罗蓑肉。一锅烧白肉，不加作料，以芝麻、盐拌之。切片煨好，以清酱拌之。三种俱宜于家常。端州聂、李二厨所作。特令杨二学之。

①端州：今广东肇庆。

杨公圆

杨明府①作肉圆，大如茶杯，细腻绝伦。汤尤鲜洁，入口如酥。大概去筋去节，斩之极细，肥瘦各半，用纤合匀。

①明府：官职名。

黄芽菜煨火腿

用好火腿，削下外皮，去油存肉。先用鸡汤将皮煨酥，再将肉煨酥，放黄芽菜心，连根切段，约二寸许长，加蜜酒酿及水，连煨半日。上口甘鲜，肉菜俱化，而菜根及菜心丝毫不散，汤亦美极。朝天宫道士法也。

蜜火腿

取好火腿，连皮切大方块，用蜜酒煨极烂，最佳。但火腿好丑、高低判若天渊。虽出金华、兰溪、义乌三处，而有名无实者多。其不佳者，反不如腌肉矣。唯杭州忠清里王三房家，四钱一斤者佳。余在尹文端公苏州公馆吃过一次，其香隔户便至，甘鲜异常，此后不能再遇此尤物矣。

杂牲单

牛、羊、鹿三牲，非南人家[一]常时有三物；然制法不可不知。作《杂牲单》。

注释

[一]非南人家：不是南方的人家。

牛肉

买牛肉法：先下各铺定钱[①]，凑取[②]腿筋夹肉处，不精不肥。然后带回家中，剔去皮膜，用三分酒、二分水清煨，极烂，再加秋油收汤。此太牢[③]独味孤行者也，不可加别物配搭。

注释

①定钱：定价。②凑取：选取。③太牢：古代宴会或祭祀时，牛、羊、猪全备为太牢。后来以太牢专指牛。

牛舌

牛舌最佳。去皮、撕膜、切片，入肉中同煨。亦有冬腌风干者，隔年食之，极似好火腿。

羊头

羊头毛要去净，如去不净，用火烧之。洗净切开，煮烂去骨。其口内老皮，俱要去净。将眼睛切成二块，去黑皮，眼珠不用。切成碎丁，取老肥母鸡汤煮之，加香蕈、笋丁、甜酒四两、秋油一杯。如吃辣，用小胡椒十二颗、葱花十二段；如吃酸，用好米醋一杯。

羊蹄

煨羊蹄，照煨猪蹄法，分红、白二色。大抵用清酱者红，用盐者白。山药配之宜。

羊羹

取熟羊肉斩小块，如骰子大。鸡汤煨，加笋丁、香蕈丁、山药丁同煨。

羊肚羹

将羊肚洗净，煮烂切丝，用本汤煨之，加胡椒、醋俱可。北人炒法，南人不能如其脆。钱玙沙方伯①家，锅烧羊肉极佳，将求其法。

①方伯：一方诸侯之长，后来泛称地方长官。

红煨羊肉

与红煨猪肉同，加刺眼核桃，放入去膻。亦古法也。

炒羊肉丝

与炒猪肉丝同，可以用纤，愈细愈佳，葱丝拌之。

烧羊肉

羊肉切大块，重五七斤者，铁叉火上烧之。味果甘脆，宜惹宋仁宗夜半之思也。

全羊

全羊法有七十二种，可吃者不过十八九种而已。此屠龙之技^①，家厨难学。一盘一碗，虽全是羊肉，而味各不同才好。

①屠龙之技：形容技艺高超。

鹿肉

鹿肉不可轻得。得而制之，其嫩鲜在獐肉之上。烧食可，煨食亦可。

鹿筋二法

鹿筋难烂。须三日前，先捶煮之，绞出臊水数遍；加肉汁汤煨之，再用鸡汁汤煨；加秋油、酒，微纤收汤，不搀他物，便成白色，用盘盛之。如兼用火腿、冬笋、香蕈同煨，便成红色，不收汤，以碗盛之。白色者，加花椒细末。

獐[1]肉

制獐肉，与制牛、鹿同，可以作脯。不如鹿肉之活，而细腻过之。

①獐：保护动物不能吃。——编者注

果子狸[1]

果子狸，鲜者难得。其腌干者，用蜜酒酿蒸熟，快刀切片上桌。先用米泔水泡一日，去尽盐秽，较火腿觉嫩而肥。

①果子狸：保护动物不能吃。——编者注

假牛乳

用鸡蛋清拌蜜酒酿，打掇入化[1]，上锅蒸之。以嫩腻为主，火候迟便老，蛋清太多亦老。

①打掇（duō）入化：通过搅动融为一体。

鹿尾

尹文端公品味，以鹿尾为第一。然南方人不能常得。从北京来者，又苦不鲜新。余尝得极大者，用菜叶包而蒸之，味果不同。其最佳处，在尾上一道浆①耳。

①一道浆：指鹿尾脂肪浓厚处。

羽族单

鸡公最巨，诸菜赖之。如善人积阴德，而人不知，故令领羽族之首，而以他禽附之。作《羽族单》。

白片鸡

肥鸡白片，自是太羹、玄酒①之味。尤宜于下乡村、入旅店，烹饪不及之时，最为省便。煮时水不可多。

 注释

①太羹：古代祭祀时所用的不加五味的肉汁。玄酒：指水。上古无酒，祭祀用水，以水代酒。水本无色，古人习以为黑色，故称玄酒。后引申为薄酒。

鸡松

肥鸡一只，用两腿，去筋骨剁碎，不可伤皮。用鸡蛋清、粉纤、松子肉同剁成块。如腿不敷用，添脯子肉①，切成方块，用香油灼黄，起放钵头内，加百花酒半斤、秋油一大杯、鸡油一铁勺，加冬笋、香蕈、姜、葱等，将所余鸡骨皮盖面，加水一大碗，下蒸笼蒸透，临吃去之。

 注释

①脯子肉：鸡胸脯肉。

生炮鸡

小雏鸡斩小方块，秋油、酒拌，临吃时拿起，放滚油内灼之，起锅又灼，连灼三回，盛起，用醋、酒、粉纤、葱花喷之。

鸡粥

肥母鸡一只，用刀将两脯肉去皮细刮，或用刨刀亦可。只可刮刨，不可斩，斩之便不腻矣。再用余鸡熬汤下之。吃时加细米粉、火腿屑、松子肉，共敲碎放汤内。起锅时放葱、姜，浇鸡油，或去渣，或存渣，俱可。宜于老人。

大概斩碎者去渣，刮刨者不去渣。

焦鸡

肥母鸡洗净，整下锅煮。用猪油四两、茴香四个，煮成八分熟，再拿香油灼黄，还下原汤熬浓，用秋油、酒、整葱收起。临上片碎，并将原卤浇之，或拌、蘸亦可。此杨中丞家法也。方辅兄家亦好。

捶鸡

将整鸡捶碎，秋油、酒煮之。南京高南昌太守家，制之最精。

炒鸡片

用鸡脯肉去皮，斩成薄片。用豆粉、麻油、秋油拌之，纤粉调之，鸡蛋清拌。临下锅加酱、瓜、姜、葱花末。须用极旺之火炒。一盘不过四两，火气才透。

蒸小鸡

用小嫩鸡雏，整放盘中，上加秋油、甜酒、香蕈、笋尖，饭锅上蒸之。

酱鸡

生鸡一只，用清酱浸一昼夜，而风干之。此三冬菜也。

鸡丁

取鸡脯子，切骰子小块，入滚油炮炒之，用秋油、酒收起；加荸荠丁、笋丁、香蕈丁拌之。汤以黑色为佳。

鸡圆

斩鸡脯子肉为圆，如酒杯大，鲜嫩如虾团。扬州臧八太爷家，制之最精。法用猪油、萝卜、纤粉揉成，不可放馅。

蘑菇煨鸡

口蘑菇四两，开水泡去沙，用冷水漂，牙刷擦，再用清水漂四次，用菜油二两炮透，加酒喷。将鸡斩块放锅内，滚去沫，下甜酒、清酱，煨八分功程，下蘑菇，再煨二分功程，加笋、葱、椒起锅，不用水，加冰糖三钱。

梨炒鸡

取雏鸡胸肉切片，先用猪油三两熬熟，炒三四次，加麻油一瓢，纤粉、盐花、姜汁、花椒末各一茶匙，再加雪梨薄片、香蕈小块，炒三四次起锅，盛五寸盘。

假野鸡卷

将脯子斩碎，用鸡子一个，调清酱郁之，将网油划碎，分包小包，油里炮透，再加清酱、酒作料，香蕈、木耳起锅，加糖一撮。

黄芽菜炒鸡

将鸡切块，起油锅生炒透，酒滚二三十次，加秋油后滚二三十次，下水滚。将菜切块，俟鸡有七分熟，将菜下锅，再滚三分，加糖、葱、大料。其菜要另滚熟搀用。每一只用油四两。

栗子炒鸡

鸡斩块，用菜油二两炮，加酒一饭碗、秋油一小杯、水一饭碗，煨七分熟。先将栗子煮熟，同笋下之，再煨三分起锅，下糖一撮。

灼八块

嫩鸡一只，斩八块，滚油炮透，去油，加清酱一杯、酒半斤，煨熟便起。不用水，用武火。

珍珠团

熟鸡脯子，切黄豆大块，清酱、酒拌匀，用干面滚满，入锅炒。炒用素油。

黄芪^①蒸鸡治瘵^②

取童鸡未曾生蛋者杀之，不见水，取出肚脏，塞黄芪一两，架箸放锅内蒸之。四面封口，熟时取出，卤浓而鲜，可疗弱症。

①黄芪（qí）：多年草本植物，花开淡黄色，根可入药。②瘵（zhài）：一般指痨病。

卤鸡

囫囵鸡一只，肚内塞葱三十条、茴香二钱，用酒一斤、秋油一小杯半；先滚一枝香，加水一斤、脂油二两，一齐同煨；待鸡熟，取出脂油。水要用熟水，收浓卤一饭碗，才取起；或拆碎，或薄刀片之，仍以原卤拌食。

蒋鸡

童子鸡一只，用盐四钱、酱油一匙、老酒半茶杯、姜三大片，放砂锅内，隔水蒸烂，去骨，不用水。蒋御史家法也。

唐鸡

鸡一只，或二斤，或三斤。如用二斤者，用酒一饭碗、水三饭碗；用三斤者，酌添。先将鸡切块，用菜油二两，候滚熟，爆鸡要透。先用酒滚一二十滚，再下水约二三百滚，用秋油一酒杯，起锅时加白糖一钱。唐静涵家法也。

鸡肝

用酒、醋喷炒，以嫩为贵。

鸡血

取鸡血为条，加鸡汤、酱、醋、纤粉作羹，宜于老人。

鸡丝

拆鸡为丝，秋油、芥末、醋拌之，此杭州菜也。加笋、加芹俱可。用笋丝、秋油、酒炒之亦可。拌者用熟鸡，炒者用生鸡。

糟鸡

糟鸡法，与糟肉同。

鸡肾

取鸡肾三十个，煮微熟，去皮，用鸡汤加作料煨之，鲜嫩绝伦。

鸡蛋

鸡蛋去壳放碗中，将竹箸打一千回蒸之，绝嫩。凡蛋一煮而老，一千煮而反嫩。加茶叶煮者，以两炷香为度。蛋一百，用盐一两；五十，用盐五钱。加酱煨亦可。其他则或煎、或炒俱可。斩碎黄雀蒸之，亦佳。

野鸡五法

野鸡披①胸肉，清酱郁过，以网油包，放铁奁②上烧之。作方片可，作卷子亦可。此一法也。切片加作料炒，一法也。取胸肉作丁，一法也。当家鸡整煨，一法也。先用油灼拆丝，加酒、秋油、醋，同芹菜冷拌，一法也。生片其肉，入火锅中，登时便吃，亦一法也。其弊在肉嫩则味不入，味入则肉又老。

 注释

①披：片下。②铁奁（lián）：铁制的盛放食物的器具。

赤炖肉鸡

赤炖肉鸡，洗切净，每一斤用好酒十二两、盐二钱五分、冰糖四钱，研酌加桂皮，同入砂锅中，文炭火煨之。倘酒将干，鸡肉尚未烂，每斤酌加清开水一茶杯。

注释

①研：细磨。

蘑菇煨鸡

鸡肉一斤，甜酒一斤，盐三钱，冰糖四钱，蘑菇用新鲜不霉者，文火煨二枝线香为度。不可用水，先煨鸡八分熟，再下蘑菇。

鸽子

鸽子加好火腿同煨，甚佳。不用火肉，亦可。

鸽蛋

煨鸽蛋法与煨鸡肾同。或煎食亦可，加微醋亦可。

野鸭

野鸭切厚片，秋油郁过，用两片雪梨夹住，炮炒之。苏州包道台家，制法最精，今失传矣。用蒸家鸭法蒸之，亦可。

蒸鸭

生肥鸭去骨，内用糯米一酒杯、火腿丁、大头菜丁、香蕈、笋丁、秋油、酒、小磨麻油、葱花，俱灌鸭肚内，外用鸡汤放盘中，隔水蒸透。此真定①魏太守家法也。

①真定：今河北正定。

鸭糊涂

　　用肥鸭,白煮八分熟,冷定去骨,拆成天然不方不圆之块,下原汤内煨。加盐三钱、酒半斤,捶碎山药,同下锅作纤。临煨烂时,再加姜末、香蕈、葱花。如要浓汤,加放粉纤。以芋代山药亦妙。

①鸭糊涂:用鸭子做的粥。

卤鸭

　　不用水,用酒,煮鸭去骨,加作料食之。高要①令②杨公家法也。

①高要:广东省县名。②令:官名。

鸭脯

用肥鸭，斩大方块，用酒半斤、秋油一杯、笋、香蕈、葱花闷之，收卤起锅。

烧鸭

用雏鸭，上叉烧之。冯观察家厨最精。

挂卤鸭

塞葱鸭腹，盖闷而烧。水西门许店最精。家中不能作。有黄、黑二色，黄者更妙。

干蒸鸭

杭州商人何星举家干蒸鸭：将肥鸭一只，洗净斩八块，加甜酒、秋油，淹满鸭面，放磁罐中封好，置干锅中蒸之。用文炭火，不用水。临上时，其精肉皆烂如泥，以线香二枝为度。

野鸭团

细斩野鸭胸前肉，加猪油，微纤，调揉成团，入鸡汤滚之。或用本鸭汤亦佳。太兴[1]孔亲家制之，甚精。

①太兴：今江苏泰兴。

徐鸭

顶大鲜鸭一只，用百花酒十二两、青盐一两二钱、滚水一汤碗，冲化去渣沫；再兑冷水七饭碗，鲜姜四厚片，约重一两，同入大瓦盖钵内，将皮纸封固口；用大火笼烧透大炭吉[1]三元（约二文一个），外用套包一个，将火笼罩定，不可令其走气。

约早点时炖起，至晚方好。速则恐其不透，味便不佳矣。其炭吉烧透后，不宜更换瓦钵，亦不宜预先开看。鸭破开时，将清水洗后，用洁净无浆布拭干入钵。

注释

①炭吉：一种燃料。

煨麻雀

取麻雀五十只，以清酱、甜酒煨之，熟后去爪脚，单取雀胸头肉，连汤放盘中，甘鲜异常。其他鸟鹊俱可类推。但鲜者一时难得。薛生白常劝人："勿食人间豢养之物。"以野禽味鲜，且易消化。

煨鹩鹑①黄雀

鹩鹑用六合来者最佳，有现成制好者。黄雀用苏州糟加蜜酒煨烂，下作料，与煨麻雀同。苏州沈观察煨黄雀，并骨如泥，不知作何制法。炒鱼片亦精。其厨馔之精，合吴门②推为第一。

注释

①鹩鹑（liáo chún）：即鹌鹑，体形似鸡，头小尾秃，羽毛赤褐色，杂有暗黄条纹。保护动物不能吃。——编者注。②吴门：今江苏苏州。

云林①鹅

　　《倪云林集》中载制鹅法。整鹅一只，洗净后，用盐三钱擦其腹内，塞葱一帚②填实其中，外将蜜拌酒通身满涂之。锅中一大碗酒、一大碗水蒸之，用竹箸架之，不使鹅身近水。灶内用山茅二束，缓缓烧尽为度。俟锅盖冷后，揭开锅盖，将鹅翻身，仍将锅盖封好蒸之。再用茅柴一束，烧尽为度。柴俟其自尽，不可挑拨。锅盖用绵纸糊封，逼燥裂缝，以水润之。起锅时，不但鹅烂如泥，汤亦鲜美。以此法制鸭，味美亦同。每茅柴一束，重一斤八两。擦盐时，搀入葱、椒末子，以酒和匀。《倪云林集》中，载食品甚多；只此一法，试之颇效，余俱附会。

　　①云林：倪云林，元末明初画家、诗人，初名倪珽，字泰宇，别字元镇，号云林子。②一帚：一小把。

烧鹅

　　杭州烧鹅，为人所笑，以其生也，不如家厨自烧为妙。

水族有鳞单

鱼皆去鳞，唯鲥鱼不去。我道有鳞而鱼形始全。作《水族有鳞单》。

边鱼①

边鱼活者，加酒、秋油蒸之。玉色为度。一作呆白色②，则肉老而味变矣。并须盖好，不可受锅盖上之水汽。临起加香蕈、笋尖。或用酒煎亦佳，用酒不用水，号"假鲥鱼"。

注释

①边鱼：即鳊鱼。②呆白色：颜色苍白。

鲫鱼

鲫鱼先要善买。择其扁身而带白色者，其肉嫩而松，熟后一提，肉即卸骨而下。黑脊浑身者，崛强槎丫，鱼中之喇子①也，断不可食。照边鱼蒸法，最佳。其次煎吃亦妙。拆肉下可以作羹。通州②人能煨之，骨尾俱酥，号"酥鱼"，利小儿食，然总不如蒸食之得真味也。六合龙池③出者，愈大愈嫩，亦奇。蒸时用酒不用水，稍稍用糖以起其鲜。以鱼之小大，酌量秋油、酒之多寡。

①唰子：地瘩。②通州：今江苏南通地区。③六合龙池：地名，今属南京。

白鱼

白鱼肉最细。用糟鲥鱼同蒸之，最佳。或冬日微腌，加酒酿糟二日，亦佳。余在江中得网起活者，用酒蒸食，美不可言。糟之最佳，不可太久，久则肉木矣。

季鱼

季鱼少骨，炒片最佳。炒者以片薄为贵。用秋油细郁后，用纤粉、蛋清搂①之，入油锅炒，加作料炒之。油用素油。

①搂：搅拌。

土步鱼

杭州以土步鱼为上品，而金陵人贱之，目为^①虎头蛇，可发一笑。肉最松嫩，煎之、煮之、蒸之俱可。加腌芥作汤、作羹，尤鲜。

 注释

①目为：把它看作。

鱼松

用青鱼、鲚鱼蒸熟，将肉拆下，放油锅中灼之，黄色，加盐花、葱、椒、瓜、姜。冬日封瓶中，可以一月。

鱼圆

用白鱼、青鱼活者，破半钉板上，用刀刮下肉，留刺在板上。将肉斩化，用豆粉、猪油拌，将手搅之。放微微盐水，不用清酱，加葱、姜汁作团，成后，放滚水中煮熟撩起，冷水养之，临吃入鸡汤、紫菜滚。

鱼片

取青鱼、季鱼片，秋油郁之，加纤纷、蛋清，起油锅炮炒，用小盘盛起，加葱、椒、瓜、姜，极多不过六两，太多则火气不透。

连鱼豆腐

用大连鱼煎熟，加豆腐，喷酱水、葱、酒滚之，俟汤色半红起锅，其头味尤美。此杭州菜也。用酱多少，须相鱼而行。

醋搂鱼①

用活青鱼切大块，油灼之，加酱、醋、酒喷之，汤多为妙，俟熟即速起锅。此物杭州西湖上五柳居②最有名。而今则酱臭而鱼败矣。甚矣！宋嫂鱼羹，徒存虚名。《梦粱录》③不足信也。鱼不可大，大则味不入；不可小，小则刺多。

①醋搂鱼：即现在的"醋熘鱼"。②五柳居：菜馆名。③《梦粱录》：南宋吴自牧所著的一部关于南宋临安社会状况、社会风貌的重要著作。

银鱼

银鱼起水时，名冰鲜。加鸡汤、火腿汤煨之，或炒食甚嫩。干者泡软，用酱水炒亦妙。

台鲞

台鲞好丑不一，出台州松门者为佳，肉软而鲜肥。生时拆之，便可当作小菜，不必煮食也。用鲜肉同煨，须肉烂时放鲞，否则，鲞消化不见矣。冻之即为鲞冻。绍兴人法也。

糟鲞

冬日用大鲤鱼，腌而干之，入酒糟，置坛中，封口。夏日食之。不可烧酒作泡，用烧酒者，不无辣味。

虾子勒①鲞

夏日选白净带子勒鲞，放水中一日，泡去盐味，太阳晒干，入锅油煎，一面黄取起，以一面未黄者铺上虾子，放盘中，加白糖蒸之，以一炷香为度。三伏②日食之，绝妙。

注释

①勒：即鳓鱼。②三伏：农历夏至后第三庚日起为初伏，第四庚日起为中伏，立秋后第一庚日起为末伏。三伏是一年中最热的时候。

鱼脯

活青鱼去头尾，斩小方块，盐腌透，风干，入锅油煎。加作料收卤①，再炒芝麻滚拌起锅。苏州法也。

①收卤：一种烹饪方法。

家常煎鱼

家常煎鱼，须要耐性。将鲜鱼洗净，切块，盐腌，压扁，入油中两面煤^①黄，多加酒、秋油，文火慢慢滚之，然后收汤作卤，使作料之味全入鱼中。第^②此法指鱼之不活者而言，如活者，又以速起锅为妙。

①煤（hàn）：以火烧干，即以小油煎。②第：但，且。

黄姑鱼

岳州^①出小鱼，长二三寸，晒干寄来。加酒剥皮，放饭锅上，蒸而食之，味最鲜，号"黄姑鱼"。

①岳州：今湖南岳阳地区。

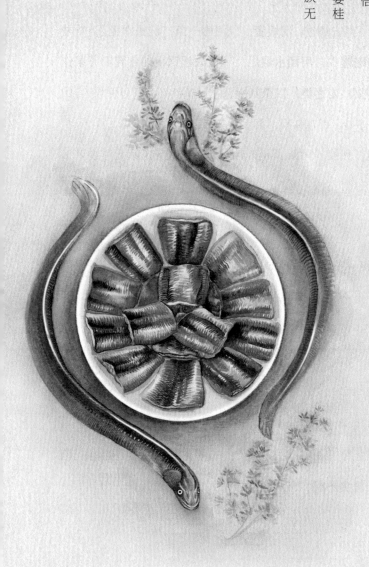

汤鳗

鳗鱼最忌出骨，因此物性本腥重，不可过于摆布，失其天真，犹鲥鱼之不可去鳞也。清煨者，以河鳗一条，洗去滑涎①，斩寸为段，入磁罐中，用酒水煨烂，下秋油起锅，加冬腌新芥菜作汤，重用葱、姜之类，以杀其腥。常熟顾比部②家，用纤粉、山药干煨，亦妙。或加作料，直置盘中蒸之，不用水。家致华分司③蒸鳗最佳。秋油、酒四六兑，务使汤浮于本身。起笼时尤要恰好，迟则皮皱味失。

注释

①滑涎：身上的一层黏液。②比部：官职，明清时用为刑部司法官的通称。③分司：官职名，明清时管理盐务的有关官员。

红煨鳗

鳗鱼用酒水煨烂，加甜酱代秋油，入锅收汤煨干，加茴香、大料起锅。有三病宜戒者：一皮有皱纹，皮便不酥；一肉散碗中，箸夹不起；一早下盐豉，入口不化。扬州朱分司家，制之最精。大抵红煨者以干为贵，使卤味收入鳗肉中。

炸鳗

择鳗鱼大者，去首尾，寸断之，先用麻油炸熟，取起，另将鲜蒿菜嫩尖入锅中，仍用原油炒透，即以鳗鱼平铺菜上，加作料，煨一炷香。蒿菜分量，较鱼减半。

生炒甲鱼

将甲鱼去骨，用麻油炮炒之，加秋油一杯、鸡汁一杯。此真定魏太守家法也。

酱炒甲鱼

将甲鱼煮半熟，去骨，起油锅炮炒，加酱水、葱、椒，收汤成卤，然后起锅。此杭州法也。

带骨甲鱼

要一个半斤重者，斩四块，加脂油三两，起油锅煎两面黄，加水、秋油、酒煨；先武火，后文火，至八分熟，加蒜，起锅用葱、姜、糖。甲鱼宜小不宜大，俗号"童子脚鱼"才嫩。

青盐甲鱼

斩四块，起油锅炮透。每甲鱼一斤，用酒四两、大茴香三钱、盐一钱半，煨至半好，下脂油二两，切小骰块再煨，加蒜头、笋尖，起时用葱、椒，或用秋油，则不用盐。此苏州唐静涵家法。甲鱼大则老，小则腥，须买其中样者。

汤煨甲鱼

将甲鱼白煮，去骨拆碎，用鸡汤、秋油、酒煨；汤二碗收至一碗，起锅，用葱、椒、姜末糁之。吴竹屿家制之最佳。微用纤，才得汤腻。

全壳甲鱼

山东杨参将[1]家制甲鱼，去首尾，取肉及裙，加作料煨好，仍以原壳覆之。每宴客，一客之前以小盘献一甲鱼，见者悚然[2]，犹虑其动。惜未传其法。

注释

①参将：武官名。②悚（sǒng）然：害怕、惊恐的样子。

鳝丝羹

鳝鱼煮半熟，划丝去骨，加酒、秋油煨之，微用纤粉，用真金菜、冬瓜、长葱为羹。南京厨者辄制鳝为炭，殊不可解。

炒鳝

拆鳝丝炒之，略焦，如炒肉鸡之法，不可用水。

段鳝

切鳝以寸为段，照煨鳗法煨之。或先用油炙，使坚，再以冬瓜、鲜笋、香蕈作配，微用酱水，重用姜汁。

虾圆

虾圆照鱼圆法。鸡汤煨之，干炒亦可。大概捶虾时，不宜过细，恐失真味。鱼圆亦然。或竟剥虾肉，以紫菜拌之，亦佳。

虾饼

以虾捶烂，团而煎之，即为虾饼。

醉虾

带壳，用酒炙黄捞起，加清酱、米醋煨之，用碗闷之。临食放盘中，其壳俱酥。

炒虾

炒虾照炒鱼法。可用韭配。或加冬腌芥菜，则不可用韭矣。有捶扁其尾单炒者，亦觉新异。

蟹

蟹宜独食，不宜搭配他物。最好以淡盐汤煮熟，自剥自食为妙。蒸者味虽全，而失之太淡。

蟹羹

剥蟹为羹，即用原汤煨之，不加鸡汁，独用为妙。见俗厨从中加鸭舌，或鱼翅，或海参者，徒夺其味，而惹其腥，恶劣极矣！

炒蟹粉

以现剥现炒之蟹为佳，过两个时辰，则肉干而味失。

剥壳蒸蟹

将蟹剥壳，取肉、取黄，仍置壳中，放五六只在生鸡蛋上蒸之。上桌时完然①一蟹，唯去爪脚。比炒蟹粉觉有新色。杨兰坡明府，以南瓜肉拌蟹，颇奇。

 注释

①完然：完整的样子。

蛤蜊

剥蛤蜊肉，加韭菜炒之佳。或为汤亦可。起迟便枯。

蚶

蚶有三吃法：用热水喷之，半熟去盖，加酒、秋油醉之；或用鸡汤滚熟，去盖入汤；或全去其盖，作羹亦可。但宜速起，迟则肉枯。蚶出奉化县，品在车螯、蛤蜊之上。

注释

①车螯（áo）：海产软体动物，蛤类，肉可食。

车螯

先将五花肉切片，用作料闷烂。将车螯洗净，麻油炒，仍将肉片连卤烹之。秋油要重些，方得有味。加豆腐亦可。车螯从扬州来，虑坏则取壳中肉，置猪油中，可以远行。有晒为干者，亦佳。入鸡汤烹之，味在蛏干之上。捶烂车螯作饼，如虾饼样，煎吃加作料亦佳。

程泽弓蛏干

程泽弓商人家制蛏干，用冷水泡一日，滚水煮两日，撤汤^①五次。一寸之干，发开有二寸，如鲜蛏一般，才入鸡汤煨之。扬州人学之，俱不能及。

注释

①撤汤：换汤。

鲜蛏

烹蛏法与车螯同。单炒亦可。何春巢家蛏汤豆腐之炒，竟成绝品。

水鸡^①

水鸡去身，用腿，先用油灼之，加秋油、甜酒、瓜、姜起锅。或拆肉炒之，味与鸡相似。

注释

①水鸡：即青蛙。保护动物不能吃。——编者注

熏蛋

将鸡蛋加作料煨好，微微熏干，切片放盘中，可以佐膳。

茶叶蛋

鸡蛋百个，用盐一两、粗茶叶煮二枝线香为度。如蛋五十个，只用五钱盐，照数加减。可作点心。

杂素菜单

菜有荤素，犹衣有表里也。富贵之人嗜素，甚于嗜荤。作《杂素菜单》。

蒋侍郎豆腐

豆腐两面去皮，每块切成十六片，晾干。用猪油熬，青烟起才下豆腐，略洒盐花一撮。翻身后，用好甜酒一茶杯，大虾米一百二十个，如无大虾米，用小虾米三百个，先将虾米滚泡一个时辰，秋油一小杯，再滚一回，加糖一撮，再滚一回。用细葱半寸许长一百二十段，缓缓起锅。

杨中丞豆腐

用嫩豆腐，煮去豆气，入鸡汤。同鳆鱼片滚数刻，加糟油、香蕈起锅。鸡汁须浓，鱼片要薄。

张恺豆腐

将虾米捣碎，入豆腐中，起油锅，加作料干炒。

庆元豆腐

将豆豉一茶杯，水泡烂，入豆腐同炒起锅。

芙蓉豆腐

用腐脑[1]，放井水泡三次，去豆气，入鸡汤中滚，起锅时加紫菜、虾肉。

①腐脑：即豆腐脑。

王太守八宝豆腐

用嫩片切粉碎，加香蕈屑、蘑菇屑、松子仁屑、瓜子仁屑、鸡屑、火腿屑，同入浓鸡汁中，炒滚起锅。用腐脑亦可。用瓢不用箸。孟亭太守云："此圣祖[1]赐徐健庵尚书方[2]也。尚书取方时，御膳房费一千两。"太守之祖楼村先生，为尚书门生，故得之。

程立万豆腐

乾隆廿三年，同金寿门^①在扬州程立万家食煎豆腐，精绝无双。其腐两面黄干，无丝毫卤汁，微有车螯鲜味，然盘中并无车螯及他杂物也。次日告查宣门^②，查曰："我能之！我当特请。"已而^③，同杭董莆同食于查家，则上箸大笑，乃纯是鸡、雀脑为之，并非真豆腐，肥腻难耐矣。其费十倍于程，而味远不及也。惜其时，余以妹丧急归，不及向程求方。程逾年^④亡。至今悔之，仍存其名，以俟再访。

冻豆腐

将豆腐冻一夜，切方块，滚去豆味，加鸡汤汁、火腿汁、肉汁煨之。上桌时，撤去鸡、火腿之类，单留香蕈、冬笋。豆腐煨久则松，面起蜂窝，如冻腐矣。故炒腐宜嫩，煨者宜老。家致华分司用蘑菇煮豆腐，虽夏月亦照冻腐之法，甚佳。切不可加荤汤，致失清味。

虾油豆腐

取陈虾油，代清酱炒豆腐，须两面熯黄。油锅要热，用猪油、葱、椒。

蓬蒿[1]菜

取蒿尖，用油灼瘪，放鸡汤中滚之，起时加松菌百枚。

 注释

①蓬蒿：即"茼蒿"。

蕨菜

用蕨菜，不可爱惜，须尽去其枝叶，单取直根，洗净煨烂，再用鸡肉汤煨。必买矮弱者才肥。

葛仙米①

将米细检淘净，煮半烂，用鸡汤、火腿汤煨。临上时，要只见米，不见鸡肉、火腿搀和才佳。此物陶方伯家，制之最精。

①葛仙米：即地耳，属于水生藻类植物。

羊肚菜①

羊肚菜出湖北。食法与葛仙米同。

①羊肚菜：即羊肚菌，表面呈蜂窝状。

石发①

制法与葛仙米同。夏日用麻油、醋、秋油拌之，亦佳。

①石发：生在水边石上的苔藻。

珍珠菜①

制法与蕨菜同，上江新安②所出。

①珍珠菜：多年生草本植物，嫩叶可食。②上江新安：指新安江上游。

素烧鹅

煮烂山药，切寸为段，腐皮包，入油煎之，加秋油、酒、糖、瓜、姜，以色红为度。

韭

韭，荤物也。专取韭白，加虾米炒之便佳。或用鲜虾亦可，蚬^①亦可，肉亦可。

注释

①蚬（xiǎn）：软体动物，介壳圆形或心脏形，肉可食。

芹

芹，素物也，愈肥愈妙。取白根炒之，加笋，以熟为度。今人有以炒肉者，清浊不伦。不熟者，虽脆无味。或生拌野鸡，又当别论。

豆芽

豆芽柔脆，余颇爱之。炒须熟烂，作料之味才能融洽。可配燕窝，以柔配柔，以白配白故也。然以极贱而陪极贵，人多嗤之。不知唯巢、由①正可陪尧、舜耳。

 注释

①巢、由：指巢父与许由，古代隐士。相传尧要把君位让给他们，他们都不接受。

茭白

茭白炒肉、炒鸡俱可。切整段，酱、醋炙之，尤佳。煨肉亦佳，须切片，以寸为度，初出太细者无味。

青菜

青菜择嫩者，笋炒之。夏日芥末拌，加微醋，可以醒胃。加火腿片，可以作汤。亦须现拔者才软。

台菜

炒台菜心最懦[1]，剥去外皮，入蘑菇、新笋作汤。炒食加虾肉，亦佳。

①懦（nuò）：柔嫩。

白菜

白菜炒食，或笋煨亦可，火腿片煨、鸡汤煨俱可。

黄芽菜

此菜以北方来者为佳。或用醋搂，或加虾米煨之。一熟便吃，迟则色、味俱变。

瓢儿菜

炒瓢菜心，以干鲜无汤为贵。雪压后更软。王孟亭太守家，制之最精。不加别物，宜用荤油。

菠菜

菠菜肥嫩，加酱水、豆腐煮之，杭人名"金镶白玉板"是也。如此种菜虽瘦而肥，可不必再加笋尖、香蕈。

蘑菇

蘑菇不止作汤，炒食亦佳。但口蘑最易藏沙，更易受霉，须藏之得法，制之得宜。鸡腿蘑便易收拾，亦复讨好。

松菌

松菌加口蘑炒最佳，或单用秋油泡食，亦妙。惟不便久留耳。置各菜中，俱能助鲜。可入燕窝作底垫，以其嫩也。

面筋二法

　　一法，面筋入油锅炙枯，再用鸡汤、蘑菇清煨。一法，不炙，用水泡，切条入浓鸡汁炒之，加冬笋、天花①。章淮树观察家，制之最精。上盘时宜毛撕②，不宜光切。加虾米泡汁，甜酱炒之，甚佳。

注释

　　①天花：即天花菜。②毛撕：粗略地撕开。

茄二法

　　吴小谷广文家，将整茄子削皮，滚水泡去苦汁，猪油炙之。炙时须待泡水干后，用甜酱水干煨，甚佳。卢八太爷家，切茄作小块，不去皮，入油灼微黄，加秋油炮炒，亦佳。是二法者，俱学之而未尽其妙。唯蒸烂划开，用麻油、米醋拌，则夏间亦颇可食。或煨干作脯，置盘中。

苋^①羹

苋须细摘嫩尖，干炒。加虾米或虾仁，更佳。不可见汤。

①苋：即苋菜，一年生草本植物，营养价值很高。

芋羹

芋性柔腻，入荤入素俱可。或^①切碎作鸭羹，或煨肉，或同豆腐加酱水煨。徐兆璜明府家，选小芋子，入嫩鸡煨汤，炒极！惜其制法未传。大抵只用作料，不用水。

①或：有的人。

豆腐皮

将腐皮泡软，加秋油、醋、虾米拌之，宜于夏日。蒋侍郎家入海参用，颇妙。加紫菜、虾肉作汤，亦相宜。或用蘑菇、笋煨清汤，亦佳，以烂为度。芜湖敬修和尚，将腐皮卷筒切段，油中微炙，入蘑菇煨烂，极佳。不可加鸡汤。

扁豆

取现采扁豆，用肉、汤炒之，去肉存豆。单炒者，油重为佳。以肥软为贵，毛糙而瘦薄者，瘠土所生，不可食。

瓠子^①王瓜

将鲔鱼切片先炒，加瓠子，同酱汁煨。王瓜亦然。

①瓠（hù）子：即瓠瓜。

煨木耳　香蕈

扬州定慧庵僧，能将木耳煨二分厚，香蕈煨三分厚。先取蘑菇熬汁为卤。

冬瓜

冬瓜之用最多，拌燕窝，鱼、肉、鳗、鳝、火腿皆可。扬州定慧庵所制尤佳。红如血珀[1]，不用荤汤。

注释

①血珀：血红色琥珀。

煨鲜菱

煨鲜菱，以鸡汤滚之。上时将汤撤去一半。池中现起者才鲜，浮水面者才嫩。加新栗、白果煨烂，尤佳。或用糖亦可，作点心亦可。

豇豆

豇豆炒肉，临上时，去肉存豆。以极嫩者，抽去其筋。

煨三笋

将天目笋①、冬笋、问政笋②煨入鸡汤，号"三笋羹"。

注释

①天目笋：杭州天目山出产的竹笋。②问政笋：安徽歙（shè）县问政山出产的竹笋。

芋煨白菜

芋煨极烂，入白菜心，烹之，加酱水调和，家常菜之最佳者。惟白菜须新摘肥嫩者，色青则老，摘久则枯。

香珠豆

毛豆至八九月间晚收者，最阔大而嫩，号"香珠豆"。煮熟，以秋油、酒泡之。出壳可，带壳亦可，香软可爱。寻常之豆，不可食也。

马兰

马兰头菜，摘取嫩者，醋合笋拌食。油腻后食之，可以醒脾。

杨花菜

南京三月有杨花菜，柔脆与菠菜相似，名甚雅。

问政笋丝

问政笋，即杭州笋也。徽州①人送者，多是淡笋干，只好泡烂切丝，用鸡肉汤煨用。龚司马取秋油煮笋，烘干上桌，徽人食之，惊为异味。余笑其如梦之方醒也。

①徽州：今安徽歙县。一说黄山地区。

122

炒鸡腿蘑菇

芜湖大庵和尚，洗净鸡腿，蘑菇去沙，加秋油、酒炒熟，盛盘宴客，甚佳。

猪油煮萝卜

用熟猪油炒萝卜，加虾米煨之，以极熟为度。临起加葱花，色如琥珀。

小菜单

小菜佐食，如府史^①胥徒^②佐六官也。醒脾解浊，全在于斯。作《小菜单》。

笋脯

笋脯出处最多，以家园所烘为第一。取鲜笋加盐煮熟，上篮烘之。须昼夜环看，稍火不旺则溲矣。用清酱者，色微黑。春笋、冬笋皆可为之。

天目笋

天目笋多在苏州发卖。其篓中盖面者最佳，下二寸便搀入老根硬节矣。须出重价，专买其盖面者数十条，如集狐成腋①之义。

①集狐成腋：当为"集腋成裘"，比喻积少成多。

玉兰片

以冬笋烘片，微加蜜焉。苏州孙春杨家有盐、甜二种，以盐者为佳。

素火腿

处州笋脯，号"素火腿"，即处片也。久之太硬，不如买毛笋自烘之为妙。

宣城笋脯

宣城笋尖，色黑而肥，与天目笋大同小异，极佳。

人参笋

制细笋如人参形，微加蜜水。扬州人重之，故价颇贵。

笋油

笋十斤，蒸一日一夜，穿通其节，铺板上，如作豆腐法。上加一板压而榨之，使汁水流出，加炒盐一两，便是笋油。其笋晒干仍可作脯。天台僧制以送人。

糟油

糟油出太仓州，愈陈愈佳。

虾油

买虾子数斤，同秋油入锅熬之。起锅，用布沥出秋油，乃将布包虾子，同放罐中盛油。

喇虎酱

秦椒捣烂，和甜酱蒸之，可用虾米揽入。

熏鱼子

熏鱼子色如琥珀，以油重为贵。出苏州孙春杨家，愈新愈妙，陈则味变而油枯。

腌冬菜①黄芽菜

腌冬菜、黄芽菜，淡则味鲜，咸则味恶。然欲久放，则非盐不可。常腌一大坛，三伏时开之，上半截虽臭烂，而下半截香美异常，色白如玉，甚矣！相士之不可但观皮毛也。

 注释

①冬菜：大白菜的别称。

莴苣

食莴苣有二法：新酱者，松脆可爱；或腌之为脯，切片食甚鲜。然必以淡为贵，咸则味恶矣。

香干菜

春芥心风干，取梗，淡腌，晒干；加酒，加糖，加秋油，拌后再加蒸之，风干入瓶。

冬芥

冬芥，名"雪里红"。一法整腌，以淡为佳；一法取心风干，斩碎，腌入瓶中，熟后杂鱼羹中，极鲜。或用醋煨，入锅中作辣菜亦可，煮鳗、煮鲫鱼最佳。

春芥

取芥心风干、斩碎，腌熟入瓶，号称"挪菜"。

芥头

芥根切片，入菜同腌，食之甚脆。或整腌，晒干作脯，食之尤妙。

芝麻菜

腌芥晒干，斩之碎极，蒸而食之，号"芝麻菜"。老人所宜。

腐干丝

将好腐干切丝极细，以虾子、秋油拌之。

风瘪菜

将冬菜取心风干，腌后榨出卤，小瓶装之，泥封其口，倒放灰上。夏食之，其色黄，其臭香。

糟菜

取腌过风瘪菜，以菜叶包之，每一小包铺一面香糟，重叠放坛内。取食时，开包食之，糟不沾菜，而菜得糟味。

酸菜

冬菜心风干，微腌，加糖、醋、芥末，带卤入罐中，微加秋油亦可。席间醉饱之余食之，醒脾解酒。

台菜心

取春日台菜心腌之，榨出其卤，装小瓶之中，夏日食之。风干其花，即名"菜花头"，可以烹肉。

大头菜

大头菜出南京承恩寺，愈陈愈佳。入荤菜中，最能发鲜。

萝卜

萝卜取肥大者，酱一二日即吃，甜脆可爱。有侯尼能制为鲞，煎片如蝴蝶，长至丈许，连翩^①不断，亦一奇也。承恩寺有卖者，用醋为之，以陈为妙。

 注释

①连翩：一个连着一个。

乳腐

乳腐，以苏州温将军庙前者为佳，黑色而味鲜，有干、湿二种。有虾子腐亦鲜，微嫌腥耳。广西白乳腐最佳。王库官家制，亦妙。

酱炒三果

核桃、杏仁去皮，榛子不必去皮。先用油炮脆，再下酱，不可太焦。酱之多少，亦须相物而行。

酱石花[1]

将石花洗净入酱中，临吃时再洗。一名"麒麟菜"。

①石花：即石花菜，属于红藻植物。

石花糕

将石花熬烂作膏，仍用刀划开，色如蜜蜡。

小松菌

将清酱同松菌入锅滚熟，收起，加麻油入罐中。可食二日，久则味变。

吐蚨①

吐蚨出兴化、泰兴。有生成极嫩者，用酒酿浸之，加糖，则自吐其油。名为"泥螺"，以无泥为佳。

①吐蚨（tiě）：即"泥螺"，软体动物。

海蛰

用嫩海蛰，甜酒浸之，颇有风味。其光者名为"白皮"，作丝，酒、醋同拌。

虾子鱼

虾子鱼出苏州。小鱼生而有子。生时烹食之，较美于鲞。

酱姜

生姜取嫩者微腌，先用粗酱套^①之，再用细酱套之，凡三套而始成。古法：用蝉退^②一个入酱，则姜久而不老。

①套：蘸浸。②蝉退：蝉的幼虫变为成虫时蜕下的壳。

酱瓜

将瓜腌后，风干入酱，如酱姜之法。不难其甜，而难其脆。杭州施鲁箴家，制之最佳。据云：酱后晒干又酱，故皮薄而皱，上口脆。

新蚕豆

新蚕豆之嫩者，以腌芥菜炒之，甚妙。随采随食方佳。

腌蛋

腌蛋以高邮①为佳，颜色红而油多。高文端公最喜食之，席间先夹取以敬客。放盘中，总宜切开带壳，黄、白兼用，不可存黄去白，使味不全，油亦走散。

①高邮：今江苏高邮地区。

混套

将鸡蛋外壳微敲一小洞，将清、黄倒出，去黄用清，加浓鸡卤煨就者拌入，用箸打良久，使之融化，仍装入蛋壳中。上用纸封好，饭锅蒸熟，剥去外壳，仍浑然一鸡卵①，此味极鲜。

①鸡卵：即鸡蛋。

菱瓜①脯

菱瓜入酱，取起风干，切片成脯，与笋脯②相似。

①菱瓜：即茭白。②笋脯：把笋煮熟晾晒、加调料。

牛首腐干

豆腐干以牛首僧制者为佳。但山下卖此物者有七家，惟晓堂和尚家所制方妙。

酱王瓜

王瓜初生时，择细者腌之入酱，脆而鲜。

点心单

梁昭明以点心为小食，郑修嫂劝叔且点心，由来旧矣。作《点心单》。

注释

① 梁昭明：即萧统。
② 叔：女性称丈夫之弟为『叔』。

鳗面

大鳗一条蒸烂，拆肉去骨，和入面中，入鸡汤清揉之，擀成面皮，小刀划成细条，入鸡汁、火腿汁、蘑菇汁滚。

温面

将细面下汤，沥干，放碗中，用鸡肉、香蕈浓卤，临吃，各自取瓢加上。

鳝面

熬鳝成卤，加面再滚。此杭州法。

裙带面

以小刀截面成条，微宽，则号"裙带面"。大概作面，总以汤多为佳，在碗中望不见面为妙。宁使食毕再加，以便引人入胜。此法扬州盛行，恰甚有道理。

素面

先一日将蘑菇蓬熬汁，定清，次日将笋熬汁，加面滚上。此法扬州定慧庵僧人制之极精，不肯传人。然其大概亦可仿求。其纯黑色的，或云暗用虾汁、蘑菇原汁，只宜澄去泥沙，不重换水。一换水，则原味薄矣。

蓑衣饼[1]

干面用冷水调，不可多。揉擀薄后，卷拢再擀薄了，用猪油、白糖铺匀，再卷拢擀成薄饼，用猪油熯黄。如要盐的，用葱、椒、盐亦可。

①蓑（suō）衣饼：实际上是酥油饼。

虾饼

生虾肉，葱、盐、花椒、甜酒脚少许，加水和面，香油灼透。

薄饼

山东孔藩台[1]家制薄饼，薄若蝉翼，大若茶盘，柔腻绝伦。家人如其法为之，卒不能及，不知何故。

秦人[2]制小锡罐，装饼三十张，每客一罐。饼小如柑[3]，罐有盖，可以贮。馅用炒肉丝，其细如发，葱亦如之。猪、羊并用，号曰"西饼"。

①藩台：明清时布政使司的别称，也叫藩司。②秦人：陕甘地区的人。③柑：指柑橘。

松饼

南京莲花桥教门方店最精。

面老鼠①

以热水和面，俟鸡汁滚时，以箸夹入，不分大小，加活菜心，别有风味。

①面老鼠：面疙瘩。

颠不棱（肉饺）

糊面摊开，裹肉为馅蒸之。其讨好处，全在作馅得法，不过肉嫩、去筋、作料而已。余到广东，吃官镇台颠不棱，甚佳。中用肉皮煨膏为馅，故觉软美。

肉馄饨

作馄饨，与饺同。

韭合

韭菜切末拌肉，加作料，面皮包之，入油灼之。面内加酥更妙。

糖饼（又名"面衣"）

糖水溲①面，起油锅令热，用箸夹入。其作成饼形者，号"软锅饼"。杭州法也。

 注释

①溲（sōu）：浸，泡。

烧饼

用松子、胡桃仁敲碎，加糖屑、脂油，和面炙之，以两面煤黄为度，而加芝麻。扣儿^①会做。面罗^②至四五次，则白如雪矣。须用两面锅，上下放火，得奶酥更佳。

注释

①扣儿：人名。②罗：密孔筛。这里指用密孔筛子筛面。

千层馒头

杨参戎^①家制馒头，其白如雪，揭之如有千层。金陵人不能也。其法扬州得半，常州、无锡亦得其半。

注释

①参戎：明清武官参将，参谋军务，俗称参戎。

面茶

熬粗茶汁，炒面兑入，加芝麻酱亦可，加牛乳亦可，微加一撮盐。无乳则加奶酥、奶皮亦可。

杏酪

捶杏仁作浆，按①去渣，拌米粉，加糖熬之。

注释

①按："滤"的意思。

粉衣

如作面衣之法。加糖、加盐俱可，取其便也。

竹叶粽

取竹叶裹白糯米煮之。尖小，如初生菱角。

萝卜汤圆

萝卜刨丝，滚熟，去臭气，微干，加葱、酱拌之，放粉团中作馅；再用麻油灼之，汤滚亦可。春圃方伯家制萝卜饼，扣儿学会。可照此法作韭菜饼、野鸡饼试之。

水粉汤圆

用水粉和作汤圆，滑腻异常。中用松仁、核桃、猪油、糖作馅，或嫩肉去筋丝捶烂，加葱末、秋油作馅亦可。作水粉法：以糯米浸水中一日夜，带水磨之，用布盛接，布下加灰，以去其渣，取细粉晒干用。

脂油糕

用纯糯粉拌脂油，放盘中蒸熟，加冰糖捶碎，入粉中，蒸好用刀切开。

雪花糕

蒸糯饭捣烂，用芝麻屑加糖为馅，打成一饼，再切方块。

软香糕

软香糕，以苏州都林桥为第一；其次虎丘糕，西施家为第二；南京南门外报恩寺则第三矣。

合欢饼

蒸糕为饭，以木印印之，如小珙璧^①状，入铁架熯之，微用油，方不粘架。

①珙璧：古玉器，两手合持的大璧。

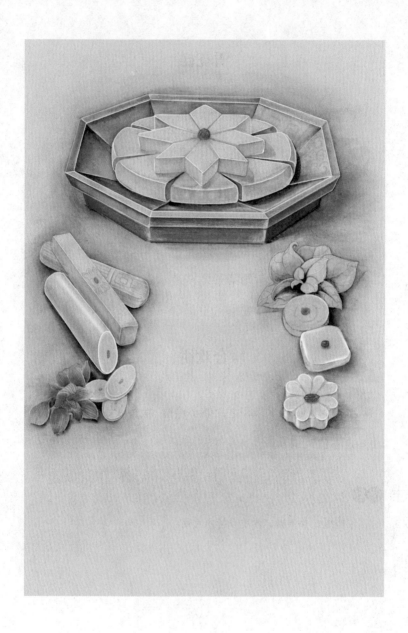

百果糕

杭州北关外卖者最佳，以粉糯，多松仁、胡桃，而不放橙丁者为妙。其甜处非蜜非糖，可暂可久。家中不能得其法。

栗糕

煮栗极烂，以纯糯粉加糖为糕蒸之，上加瓜仁、松子。此重阳小食也。

青糕　青团

捣青草为汁，和粉作粉团，色如碧玉。

鸡豆①糕

研碎鸡豆，用微粉为糕，放盘中蒸之。临食，用小刀片开。

①鸡豆：即芡实。一种水生植物的果实。

鸡豆粥

磨碎鸡豆为粥，鲜者最佳，陈者亦可。加山药、茯苓尤妙。

①茯苓：寄生在松树树根上的真菌，形状像甘薯，可入药。

金团

杭州金团，凿木为桃、杏、元宝之状，和粉搦成，入木印中便成。其馅不拘荤素。

①搦（nuò）：用手来回按压揉捏。

藕粉　百合粉

藕粉非自磨者，信之不真。百合粉亦然。

麻团

蒸糯米捣烂为团，用芝麻屑拌糖作馅。

芋粉团

磨芋粉晒干，和米粉用之。朝天宫道士制芋粉团，野鸡馅，极佳。

熟藕

藕须灌米加糖自煮，并汤极佳。外卖者多用灰水，味变，不可食也。余性爱食嫩藕，虽软熟而以齿决，故味在也。如老藕，一煮成泥，便无味矣。

新栗　新菱

新出之栗，烂煮之，有松子仁香。厨人不肯煨烂，故金陵人有终身不知其味者。新菱亦然，金陵人待其老方食故也。

莲子

建莲虽贵，不如湖莲之易煮也。大概小熟，抽心去皮，后下汤，用文火煨之，闷住合盖，不可开视，不可停火。如此两炷香，则莲子熟时，不生骨①矣。

①生骨：生硬，发硬。

芋

十月天晴时，取芋子、芋头，晒之极干，放草中，勿使冻伤。春间煮食，有自然之甘。俗人不知。

萧美人点心

仪真南门外，萧美人善制点心，凡馒头、糕、饺之类，小巧可爱，洁白如雪。

刘方伯月饼

用山东飞面^①，作酥为皮，中用松仁、核桃仁、瓜子仁为细末，微加冰糖和猪油作馅。食之不觉甚甜，而香松柔腻，迥异寻常。

①飞面：精面粉。

陶方伯十景点心

每至年节，陶方伯夫人手制点心十种，皆山东飞面所为。奇形诡状，五色纷披，食之皆甘，令人应接不暇。萨制军^①云："吃孔方伯薄饼，而天下之薄饼可废；吃陶方伯十景点心，

而天下之点心可废。"自陶方伯亡，而此点心亦成《广陵散》
矣。呜呼！

注释

①制军：明清总督的别称，也叫制台。②《广陵散》：琴曲名。
三国魏嵇康善弹此曲，不肯传人，故其之后，辞去亦绝。

杨中丞西洋饼

用鸡蛋清和飞面作稠水，放碗中。打铜夹剪一把，头上作
饼形，如蝶大，上下两面，铜合缝处不到一分。生烈火烘铜
夹，撩稠水，一糊一夹一燠，顷刻成饼。白如雪，明如绵纸，
微加冰糖、松仁屑子。

白云片

南殊锅巴，薄如绵纸，以油炙之，微加白糖，上口极脆。金
陵人制之最精，号"白云片"。

风枵①

以白粉浸透，制小片入猪油灼之，起锅时加糖糁之。色白如霜，上口而化。杭人号曰"风枵"。

注释

①风枵（xiāo）：指成品薄细，风可吹动。枵，空虚。

三层玉带糕

以纯糯粉作糕，分作三层；一层粉，一层猪油、白糖，夹好蒸之，蒸熟切开。苏州人法也。

运司①糕

卢雅雨作运司，年已老矣。扬州店中作糕献之，大加称赏，从此遂有"运司糕"之名。色白如雪，点胭脂，红如桃花。微糖作馅，淡而弥旨②。以运司衙门前店作为佳，他店粉粗色劣。

①运司：官职名，管理漕运官员。②弥旨：更加美味。

沙糕

糯粉蒸糕，中夹芝麻、糖屑。

小馒头　小馄饨

作馒头如胡桃大，就蒸笼食之，每箸可夹一双。扬州物也。扬州发酵最佳，手捺①之不盈半寸，放松仍隆然而高。小馄饨小如龙眼，用鸡汤下之。

①捺：按。

雪蒸糕法

每磨细粉，用糯米二分、粳米八分为则。一拌粉，将粉置盘中，用凉水细细洒之，以捏则如团、撒则如砂为度。将粗麻筛筛出，其剩下块搓碎，仍于筛上尽出之，前后和匀，使干湿不偏枯①。以巾覆之，勿令风干日燥，听用。（水中酌加上洋糖②则更有味，拌粉与市中枕儿糕法同。）一锡圈及锡钱③，俱宜洗剔极净，临时，略将香油和水，布蘸拭之。每一蒸后，必一洗一拭。一锡圈内，将锡钱置妥，先松装粉一小半，将果馅轻置当中，后将粉松装满圈，轻轻挡④平，套汤瓶上盖之，视盖口气直冲为度。取出覆之，先去圈，后去钱，饰以胭脂。两圈更递为用。一汤瓶宜洗净，置汤分寸以及肩为度。然多滚则汤易涸，宜留心看视，备热水频添。

①偏枯：各方面调配不均，偏于一方面。②洋糖：白糖。③锡圈及锡钱：蒸糕的锡制模型。④挡：捶打。

作酥饼法

冷定脂油一碗，开水一碗。先将油同水搅匀，入生面尽揉，要软如擀饼一样，外用蒸熟面入脂油，合作一处，不要硬了。然后将生面作团子，如核桃大，将熟面亦作团子，略小一晕[1]。再将熟面团子包在生面团子中，擀成长饼，长可八寸，宽二三寸许，然后折叠如碗样，包上穰子[2]。

①晕：圆，环。②穰（ráng）子：馅心。

天然饼

泾阳[1]张荷塘明府家制天然饼，用上白飞面，加微糖及脂油为酥，随意搦成饼样，如碗大，不拘方圆，厚二分许。用洁净小鹅子石衬而熯之，随其自为凹凸，色半黄便起，松美异常。或用盐亦可。

①泾阳：古地名，在今陕西泾阳一带。

花边月饼

明府家制花边月饼，不在山东刘方伯之下。余常以轿迎其女厨来园制造，看用飞面拌生猪油子团百搦，才用枣肉嵌入为馅，裁如碗大，以手搦其四边菱花样。用火盆两个，上下覆而炙之。枣不去皮，取其鲜也；油不先熬，取其生也。含之，上口而化，甘而不腻，松而不滞。

其功夫全在搦中，愈多愈妙。

制馒头法

偶食新明府馒头，白细如雪，面有银光，以为是北面①之故。龙②文云："不然，面不分南北，只要罗得极细，罗筛至五次，则自然白细，不必北面也。"惟做酵最难，请其庖人③来教，学之，卒不能松散。

①北面：北方精细面粉。②龙：人名。③庖人：厨师。

扬州洪府粽子

洪府制粽，取顶高①糯米，拣其完善长白者，去其半颗散碎者。淘之极熟②，用大箬③叶裹之，中放好火腿一大块，封锅闷煨一日一夜，柴薪不断。食之滑腻温柔，肉与米化。或云：即用火腿肥者斩碎，散置米中。

 注释

①顶高：最好。②淘之极熟：淘洗很多次的意思。③箬（ruò）：即箬竹。

饭粥单

粥饭本也，余菜末也。本立而道生。作《饭粥单》。

饭

王莽①云："盐者，百肴之将。"余则曰："饭者，百味之本。"《诗》②称："释之溲溲③，蒸之浮浮④。"是古人亦吃蒸饭。然终嫌米汁不在饭中。善煮饭者，虽煮如蒸，依旧颗粒分明，入口软糯。其诀有四：一要米好，或香稻，或冬霜，或晚米，或观音籼，或桃花籼，舂⑤之极熟，霉天⑥风摊播之，不使惹霉发疹。一要善淘，淘米时不惜工夫，用手揉擦，使水从箩中淋出，竟成清水，无复米色。一要用火先武后文，闷起得宜。一要相米放水，不多不少，燥湿得宜。往往见富贵人家，讲菜不讲饭，逐末忘本，真为可笑。余不喜汤浇饭，恶失饭之本味故也。汤果佳，宁一口吃汤，一口吃饭，分前后食之，方两全其美。不得已，则用茶、用开水淘之，犹不夺饭之正味。饭之甘，在百味之上，知味者，遇好饭不必用菜。

注释

①王莽：字巨君，汉元帝皇后侄。西汉末年，凭借外戚身份掌握政权，后正式称帝，改国号为"新"。史称"王莽篡汉"。②《诗》：即《诗经》，我国最早的诗歌总集。③释：指用水淘米。溲溲：淘米声。④浮浮：热气升腾的样子（米受热后涨发的样子）。⑤舂（chōng）：把谷类的皮捣掉。⑥霉天：即"梅雨天"。

粥

见水不见米，非粥也；见米不见水，非粥也。必使水、米融洽，柔腻如一，而后谓之粥。尹文端公曰："宁人等粥，毋粥等人。"此真名言，防停顿而味变、汤干故也。

近有为鸭粥者，入以荤腥；为八宝粥者，入以果品。俱失粥之正味。不得已，则夏用绿豆，冬用黍米，以五谷入五谷，尚属不妨。

余常食于某观察家，诸菜尚可，而饭粥粗粝，勉强咽下，归而大病。

尝戏语人曰："此是五脏神①暴落难，是故自禁受不得。"

①五脏神：指人的内脏，包括心、肝、脾、肺、肾。

茶酒单

七碗生风，一杯忘世，非饮用六清㊀不可。作《茶酒单》。

注释

㊀六清：指水、浆、醴（lǐ）、凉、医、酏（yǐ）。

茶

　　欲治好茶，先藏好水。水求中泠、惠泉。人家中何能置驿而办？然天泉水、雪水力能藏之。水新则味辣，陈则味甘。尝尽天下之茶，以武夷山顶所生，冲开白色者为第一。然入贡尚不能多，况民间乎！其次，莫如龙井。清明前者，号"莲心"，太觉味淡，以多用为妙；雨前最好，一旗一枪①，绿如碧玉。收法须用小纸包，每包四两，放石灰坛中，过十日则换石灰，上用纸盖扎住，否则气出而色、味全变矣。烹时用武火，用穿心罐，一滚便泡，滚久则水味变矣。停滚再泡，则叶浮矣。一泡便饮，用盖掩之，则味又变矣。此中消息，间不容发②也。山西裴中丞尝谓人曰："余昨日过随园，才吃一杯好茶。"呜呼！公山西人也，能为此言，而我见士大夫生长杭州，一入宦场便吃熬茶，其苦如药，其色如血。此不过肠肥脑满之人吃槟榔法也，俗矣！除吾乡龙井外，余以为可饮者，胪列③于后。

①一旗一枪：指茶叶的嫩芽。②间不容发：比喻相距极小，没有多少余地。③胪（lú）列：陈列。

武夷茶

余向不喜武夷茶，嫌其浓苦如饮药。然丙午①秋，余游武夷到曼亭峰、天游寺诸处，僧道争以茶献。杯小如胡桃，壶小如香橼②，每斛③无一两，上口不忍遽咽。先嗅其香，再试其味，徐徐咀嚼而体贴之，果然清芬扑鼻，舌有余甘。一杯之后，再试一二杯，令人释躁平矜，怡情悦性，始觉龙井虽清而味薄矣，阳羡④虽佳而韵逊矣。颇有玉与水晶，品格不同之故。故武夷享天下盛名，真乃不忝⑤。且可以瀹⑥至三次，而其味犹未尽。

注释

①丙午：乾隆五十一年（公元1786年）。②香橼（yuán）：即枸橼，树名。③斛（hú）：旧量器，方形，口小，底大。④阳羡：

即阳羡茶。阳羡即今江苏宜兴。⑤不忝（tiǎn）：不愧，不辱。⑥瀹（yuè）：烹茶。

龙井茶

杭州山茶，处处皆清，不过以龙井为最耳。每还乡上冢[1]，见管坟人家送一杯茶，水清茶绿，富贵人所不能吃者也。

①冢（zhǒng）：坟墓。

常州阳羡茶

阳羡茶，深碧色，形如雀舌，又如巨米，味较龙井略浓。

洞庭君山茶

洞庭君山出茶，色味与龙井相同，叶微宽而绿过之，采掇最少。方毓川抚军^①曾惠两瓶，果然佳绝。后有送者，俱非真君山物矣。此外如六安、银针、毛尖、梅片、安化，概行黜落^②。

①抚军：官职名。明清时巡抚的别称。②黜（chù）落：降退。

酒

余性不近酒，故律酒过严，转能深知酒味。今海内动行^①绍兴，然沧酒之清、浔酒之洌、川酒之鲜，岂在绍兴下哉！大概酒似耆老宿^②儒，越陈越贵，以初开坛者为佳，谚所谓"酒头茶脚"是也。炖法不及则凉，太过则老，近火则味变，须隔水炖，而谨塞其出气处才佳。取可饮者，开列于后。

①动行：风行。①耆（qí）：老年人。宿：老成。

金坛于酒

于文襄公家所造，有甜、涩二种，以涩者为佳。一清彻骨，色若松花，其味略似绍兴，而清冽过之。

德州卢酒

卢雅雨转运家所造，色如于酒，而味略厚。

四川郫^①筒酒

郫筒酒，清冽彻底，饮之如梨汁、蔗浆，不知其为酒也。但从四川万里而来，鲜有不味变者。余七饮郫筒，惟杨笠湖刺史木簰^②上所带为佳。

①郫（pí）：江名，在四川省。②木簰（pái）：木排，可在水上漂流。簰，同"排"。

绍兴酒

绍兴酒，如清官廉吏，不参①一毫假，而其味方真；又如名士耆英，长留人间，阅尽世故，而其质愈厚。故绍兴酒，不过五年者不可饮，参水者亦不能过五年。余常称绍兴为名士，烧酒为光棍。

 注释

①参：通"掺"，掺杂。

湖州①南浔酒

湖州南浔酒，味似绍兴，而清辣过之。亦以过三年者为佳。

 注释

①湖州：今浙江湖州地区。

常州兰陵酒

唐诗有"兰陵美酒郁金香，玉碗盛来琥珀光"之句。余过常州，相国[1]刘文定公饮以八年陈酒，果有琥珀之光。然味太浓厚，不复有清远之意矣。宜兴有蜀山酒，亦复相似。至于无锡酒，用天下第二泉[2]所作，本是佳品，而被市井人苟且为之，遂至浇淳散朴，殊可惜也。据云有佳者，恰未曾饮过。

①相国：即宰相，清代指担任大学士的官员。②天下第二泉：指无锡惠山泉。

溧阳乌饭酒

余素不饮。丙戌年[1]，在溧水叶比部家饮乌饭酒，至十六杯，傍人[2]大骇，来相劝止，而余犹颓然，未忍释手。其色黑，其味甘鲜，口不能言其妙。据云溧水风俗：生一女，必造酒一坛，以青精饭[3]为之。俟嫁此女，才饮此酒，以故极早亦须十五六年。打瓮时只剩半坛，质能胶口[4]，香闻室外。

①丙戌年：乾隆三十一年（公元1766年）。②傍人：旁人。傍，通"旁"。③青精饭：用青色的精米做的饭。④胶口：粘唇。

苏州陈三白酒

乾隆三十年，余饮于苏州周慕庵家。酒味鲜美，上口粘唇，在杯满而不溢。饮至十四杯，而不知是何酒，问之主人，曰："陈十余年之三白酒也。"因余爱之，次日再送一坛来，则全然不是矣。甚矣！世间尤物之难多得也。按郑康成《周官》注"盎齐"①云："盎者翁翁然，如今酂白②。"疑即此酒。

①盎齐：白酒。②酂（cuó）白：白酒名。

金华①酒

金华酒，有绍兴之清，无其涩；有女贞②之甜，无其俗。亦以陈者为佳，盖金华一路水清之故也。

山西汾酒

既吃烧酒，以狠为佳。汾酒乃烧酒之至狠者。余谓烧酒者，人中之光棍，县中之酷吏也。打擂台，非光棍不可；除盗贼，非酷吏不可；驱风寒、消积滞，非烧酒不可。汾酒之下，山东膏粱烧次之，能藏至十年，则酒色变绿，上口转甜，亦犹光棍做久，便无火气，殊可交也。尝见童二树家，泡烧酒十斤，用枸杞四两、苍术二两、巴戟天一两，布扎一月，开瓮，甚香。如吃猪头、羊尾、跳神肉之类，非烧酒不可。亦各有所宜也。此外如苏州之女贞、福贞、元燥，宣州之豆酒，通州之枣儿红，俱不入流品①；至不堪者，扬州之木瓜也，上口便俗。

编辑说明

《随园食单》系清代诗人、散文家袁枚创作的文言随笔集。全书分为须知单、戒单、海鲜单、江鲜单、特牲单、杂牲单、羽族单、水族有鳞单、水族无鳞单、杂素菜单、小菜单、点心单、饭粥单和茶酒单，共十四单，外加一序。其作详细记述了清代流行的三百二十余种南北菜肴、饭点和名茶美酒，对菜点的选料、加工、切配、烹调以及菜点的色、香、味、形、器都做了极其精辟的论述，被海内外美食家称为中国历史上的"食经"。

本书以清乾隆五十七年（1792）小仓山房藏版为底本，参考了中华书局、三秦出版社在内的多部不同年份出版的读本编辑而成，为最大程度上保留原作精髓，对部分字词及用法依循了旧作。

此外，特邀青年设计师MY柠檬全新设计绘制了二十四幅全彩插图，以现代手法，完美诠释了袁枚四十年的美食实践。